高等学校系列教材

工程测量实训教程

肖争鸣　主　编

付　君　王永志　副主编

闻道秋　郭建足　主　审

中国建筑工业出版社

图书在版编目（CIP）数据

工程测量实训教程/肖争鸣主编.—北京：中国建筑工
业出版社，2020.2（2024.11重印）
高等学校系列教材
ISBN 978-7-112-24657-1

Ⅰ.①工… Ⅱ.①肖… Ⅲ.①工程测量-高等学校-教
材 Ⅳ.①TB22

中国版本图书馆 CIP 数据核字（2020）第 011017 号

本书作为《工程测量》课程的配套教材，主要用于工程测量实践教学的实训环节。全书以数字地形图的测绘为主线，在介绍工程测量单项实训的基础上，对电子全站仪的使用、数字测图外业采集和内业成图方法进行了全面介绍。全书包括五章：第 1 章是工程测量实训须知，主要内容是仪器的使用制度、实训纪律和实训注意事项；第 2 章是工程测量单项实训，是指在工程测量课程的学习进程中所进行的单项测量基本技能训练，主要内容有经纬仪、水准仪、全站仪、RTK 和数字成图软件等功能和使用；第 3 章是工程测量综合实训，是在工程测量全部课程之后所进行的工程测量综合能力训练，需要完成（或模拟）某测区数字测图任务，即从外业勘测、选点、观测、计算、绘图和技术总结等完整的任务；第 4 章是练习与思考题，精选了工程测量教学实践中，有代表性练习与思考题以及参考答案；第 5 章是常用的地物、地貌和注记符号，根据我国当前使用的大比例尺地形图图式《1：500 1：1000 1：2000 地形图图式》GB/T 20257.1—2007，选取了部分常用的地物、地貌和注记符号。为便于学生学习，作者还制作了 12 个学习视频，可扫描书中二维码观看。

本书为土木工程、工程管理、城市地下空间工程、给水排水工程、工程造价、市政工程、土地资源管理、交通工程、建筑学、城市规划、地质工程、港口航道与海岸工程等专业的工程测量教学实训教材，也可供从事测量工作的工程技术人员参考。

为便于教师教学，作者制作了与书配套的课件 PPT，如有需求，可发邮件至 cabpbeijing@126.com 索取。

* * *

责任编辑：王美玲
责任校对：姜小莲

高等学校系列教材
工程测量实训教程
肖争鸣 主编
付 君 王永志 副主编
闻道秋 郭建足 主 审

*

中国建筑工业出版社出版、发行（北京海淀三里河路 9 号）
各地新华书店、建筑书店经销
北京红光制版公司制版
建工社（河北）印刷有限公司印刷

*

开本：787×1092 毫米 1/16 印张：8 字数：190 千字
2020 年 4 月第一版 2024 年 11 月第三次印刷
定价：**28.00** 元（赠课件）
ISBN 978-7-112-24657-1
（35204）

前　言

　　《工程测量》课程是一门实践性很强、应用面较广且理论与实践紧密相结合的技术基础课，该课程内容分为3个部分，即理论教学、单项实训和工程测量综合实训，实训教学在本门课程所占教学学时数比重较大。根据工程测量实践操作性较强的显著特点，理论授课与课间实训需要相互结合，交叉进行教学，使学生在课堂学习的同时，加深对理论知识理解，提高学生的实际操作技能。本书作为《工程测量》课程的配套教材，主要指导和开展工程测量实践教学实训。

　　科学技术的发展和测绘科学的进步，为工程测量技术实践提供了更新的方法和手段。近十几年来，随着空间科学、信息科学的飞速发展，全球定位系统（GPS）、遥感（RS）、地理信息系统（GIS）技术已成为当前测绘工作的核心技术。计算机和网络通信技术的普遍使用，测绘技术体系从模拟转向数字、从地面转向空间、从静态转向动态，并向网络化和智能化方向发展；测绘仪器向电子化、数字化和信息化方向发展，其功能、精度和自动化程度大为增加和提高，不断在工程建设中推广和应用。

　　数字测图是利用电子全站仪或其他测绘仪器，在野外进行数字化地形要素数据采集，在数字测图软件的支持下，通过计算机编辑、处理获得数字地形图的方法。

　　本书以数字地形图的测绘为主线，在介绍工程测量单项实训的基础上，对全站仪的使用、数字测图外业采集和内业成图方法进行了全面介绍。内容包括：各种测绘仪器，如经纬仪、水准仪、全站仪和RTK等的功能与使用，图根导线测量的外业和内容，图根高程控制（包括四等水准测量和图根水准）的外业和内业，数字地形图测绘方法和内容，用测图软件进行数字测图等。另外，本书精选了工程测量教学实践中，有代表性练习与思考题以及参考答案；根据我国当前使用的大比例尺地形图图式《1∶500 1∶1000 1∶2000 地形图图式》GB/T 20257.1—2007，选取了部分常用的地物、地貌和注记符号。

　　本书是在作者多年来参与工程测量教学实训指导、教学改革所积累资料的基础上编写而成。本书在编写过程中，注重理论与实践相结合，特别强调培养学生的创新思维和实际动手能力，在巩固课堂所学理论知识的基础上，加深对工程测量基本理论的理解，能够用相关理论指导作业实践，做到理论与实践相统一，提高分析和解决工程测量技术问题的能力；同时要加强学生规范意识，理解并掌握国家规范的相关条款，将其作为进行工程测量工作的技术依据。通过完成工程测量单项实训项目和综合实训项目的基本技能训练，使学生熟悉数字化测图外业观测与内业成图工作的全过程，增强规范意识，学会使用测量规范，利用各种技术手段进行图根平面和高程控制网的布设、数据采集和处理、数字成图的基本方法与技能。

　　本书由肖争鸣主编；付君、王永志副主编；东南大学交通学院闻道秋、厦门闽矿测绘院厦门分院郭建足主审。第1章由付君和王永志编写；第2章、第3章、第4章由肖争鸣编写；第5章由肖争鸣和付君编写；视频由肖争鸣、付君、郑双杰、李丽萍、陈星欣和王永志共同拍摄完成。全书由肖争鸣统稿，付君、陈星欣、郑双杰、李丽萍和王永志校阅。

　　本书在编写过程中，东南大学交通学院闻道秋副教授给予了指导和帮助；得到华侨大学土木工程学院领导的大力支持和关心；泉州天逸信息技术有限公司提供了仪器设备、软件与技术资料支持；同时，中国建筑工业出版社为本书出版提供了大力支持，在此一并表示衷心感谢。限于水平和时间有限，书中难免有疏漏和不足之处，恳请使用本教材的师生以及其他读者批评指正，便于重印或再版时修正。

目　　录

第1章 工程测量实训须知

工程测量是一门应用性和实践性较强的技术基础课程，在整个工程测量教学过程中，课间实训是必不可少的教学环节，还包括两周的集中教学实习。

实训课程的目的是巩固和加深学生课堂所学的工程测量基本理论知识。通过实训，进一步认识测量仪器的构造、部件和性能，掌握测量仪器的使用方法、操作步骤和检验校正的方法。同时，学生通过亲手操作和观测成果的记录、计算以及数据处理，提高遇到问题和解决问题的能力，加深其理解和掌握工程测量基础知识、基本理论和基本技能。

1.1 测量实训与实习的一般规定

（1）实训分小组进行，每组配组长一名，组长须具有较强的责任心，负责组织协调工作，以小组为单位，办理所用仪器工具的借领和归还手续。同学之间要团结友爱、相互帮助、相互学习，具有团队合作精神。

（2）实训或实习之前，应认真仔细阅读本实训教程中相关部分，参考《工程测量》教材与课堂笔记，做好预习，明确实训目的、内容和要求，熟悉实训步骤、操作方法、记录计算以及注意事项，以便实验实习顺利进行。

（3）课内实训应在规定的时间进行，不得无故缺席或迟到早退；应在指导教师指定的场地进行，不得擅自改变地点或离开现场。

（4）服从教师的指导，注意聆听指导教师的讲解。每人都必须认真、仔细地操作，培养独立工作的能力和严谨、求实的科学态度，同时要发扬互相协作的精神。每项实训都应取得合格的成果并提交书写工整规范的实训报告。实训成果经指导教师审阅签字后，方可交还测量仪器和工具，结束实训。

（5）实训过程中的具体操作应按实训教程的规定进行，如遇问题要及时向指导教师提出。实验中出现的仪器故障必须及时向指导教师报告，不可随意自行处理。

（6）实训过程中，应遵守纪律，爱护现场的花草、树木，爱护周围的各种公共设施，任意砍折、踩踏或损坏者，应予以赔偿。

1.2 测量仪器工具的借用与归还

（1）严格按实验室规定办理借领仪器手续，以小组为单位于上课前向测量实验室老师登记、领取仪器和工具。

（2）仪器借领时，应当场清点、检查。实物与清单是否一致，仪器工具及附件是否齐全，仪器箱是否完好，背带及提手是否牢固，脚架是否完好等，如有缺损，可以补领或更换。

（3）各组在清点、检查完仪器工具后，在登记表上填写班级、组号、日期、小组组长或借领人姓名，将登记表交管理人员，方可将仪器、工具带走。

（4）离开借领地点之前，必须锁好仪器箱并捆扎好各种工具；搬运仪器工具时，必须轻取轻放，避免剧烈震动。

（5）实训完毕，各组应将所借用的仪器、工具上的泥土清扫干净再送还借领处，经实验室老师检查验收后方可离开。仪器、工具若有损坏或遗失，应写书面报告说明情况，并按有关规定处理。先送至专业维修人员处进行检修，经维修后仍然不合格，相关人员负责赔偿，费用自付。

1.3　测量仪器工具的正确使用和维护

正确使用、精心爱护和科学保养测量仪器及工具，是测量人员必须具备的基本素质，也是保证测量成果质量、提高测量工作效率和延长仪器工具使用寿命的必要条件。

1. 携带仪器时

① 仪器箱盖是否关妥、锁好；背带、提手是否牢固。

② 脚架与仪器是否相配，脚架各部分是否完好，脚架架腿伸缩处的连接螺旋是否滑扣。要防止因脚架未架牢而摔坏仪器，或因脚架不稳而影响作业。

③ 搬运时，必须轻取轻放，避免剧烈震动和碰撞。

2. 打开仪器箱时

① 仪器箱应平放在地面上或其他台子上才能开箱，严禁手提或怀抱着仪器开箱，以免仪器在开箱时落地摔坏。

② 开箱后取出仪器前，要看清并记住仪器在箱中安放的状态，以便在用毕后按原样入箱。

3. 自箱内取出仪器时

① 不论何种仪器，在取出前一定要先放松制动螺旋，以免取出仪器时因强行扭转而损坏制动装置、微动装置，甚至损坏轴系。

② 自箱内取出仪器时，应用双手握住支架或一手握住支架，另一只手握住基座轻轻取出仪器，严禁用手提望远镜和横轴；然后放在三脚架上，保持一手握住仪器，一手去拧连接螺旋，最后旋紧连接螺旋使仪器与脚架连接牢固。

③ 自箱内取出仪器后，要及时将仪器箱盖好，以免沙土、杂草等不洁之物和湿气进入箱内。还要防止搬动仪器时丢失附件。

④ 取仪器及其使用过程中，要注意避免触摸仪器的目镜、物镜，以免玷污它们，进而影响成像质量。不允许用手指或手帕等去擦仪器的目镜、物镜等光学部分。

4. 架设仪器时

① 伸缩三脚架的架腿后，要拧紧固定螺旋，但不可用力过猛从而造成螺旋滑扣。要防止因螺旋未拧紧、三脚架架腿自行收缩而摔坏仪器。三条架腿拉出的长度应适中。

② 架设三脚架时，三条腿分开的跨度要适中，合并得太靠拢，容易被碰倒，而分得太开，容易滑开，都会造成事故。若在斜坡上架设仪器，应使两条腿在坡下（可稍长），一条腿在坡上（可稍缩短）。若在光滑地面上架设仪器，要采取安全措施（例如，用细绳

将脚架三条腿连接起来），防止脚架滑动摔坏仪器。

③ 在脚架安放稳妥并将仪器放到脚架上后，应一手握住仪器，另一只手立即旋紧仪器和脚架间的中心连接螺旋，避免仪器从脚架上掉下摔坏。

④ 仪器箱多为薄型材料制成，不能承重，因此严禁蹬、坐在仪器箱上。

5. 仪器在使用中

① 仪器安装在三脚架上之后，不论是否在观测，仪器旁必须有人守护。禁止无关人员拨弄仪器。注意防止行人、车辆碰撞仪器。

② 在阳光下观测必须撑伞，防止日晒（包括仪器箱）；雨天应禁止观测。对于电子测量仪器，在任何情况下均应注意防护。

③ 如遇物镜、目镜外表蒙上水汽而影响观测（在冬季较常见），应稍等待或用纸片扇风使水汽散发。若镜头上有灰尘，应用仪器箱中的软毛刷轻轻拂去，再用镜头纸擦拭。严禁用手帕、粗布或其他纸张擦拭，以免擦伤镜面。观测结束后应及时套上物镜盖。

④ 操作仪器时，用力要均匀，动作要准确、轻捷。制动螺旋不宜拧得过紧，微动螺旋和脚螺旋宜使用中段螺纹，用力过大或动作太猛都会造成对仪器的损伤。转动仪器时，应先松开制动螺旋，然后平稳转动。使用微动螺旋时，应先旋紧制动螺旋。

⑤ 测距仪、电子经纬仪、电子水准仪、全站仪、GPS、GNSS 接收机等电子测量仪器，在野外更换电池时，应先关闭仪器的电源；装箱之前，也必须先关闭电源，才能将仪器装箱。

⑥ 使用仪器时，对仪器性能尚未了解的部件，未经指导教师许可，不得擅自操作；仪器在使用中发生故障时，应及时向指导教师报告，不得擅自拆卸。

6. 仪器迁站时

① 在远距离迁站或通过行走不便的地区时，必须将仪器装箱后再迁站。

② 在近距离且平坦地区迁站时，可将仪器连同三脚架一起搬迁，首先检查连接螺旋是否旋紧，松开各制动螺旋使仪器保持初始位置（经纬仪望远镜对向度盘中心，水准仪物镜向后），再将三脚架腿收拢，然后左手托住仪器的支架或基座放在胸前，右手抱住脚架放在肋下，稳步行走。搬迁时切勿跑行，防止摔坏仪器。严禁将仪器横扛在肩上搬迁。

③ 迁站时，小组其他人员应协助观测员，检查所有的仪器附件和工具等，防止丢失。

7. 仪器装箱时

① 仪器使用完毕，应及时盖上物镜盖，清除仪器表面的灰尘和仪器箱、脚架上的泥土。

② 仪器装箱前，要先松开各制动螺旋，将脚螺旋调至中段并使之大致等高。然后一手握住支架或基座，另一手将中心连接螺旋旋开，双手将仪器从脚架上取下放入仪器箱内。

③ 仪器装入箱内要试盖一下，若箱盖不能合上，说明仪器未正确放置，应重新放置，严禁强压箱盖，以免损坏仪器。在确认安放正确后再将各制动螺旋略为旋紧，防止仪器在箱内自由转动而损坏某些部件。

④ 清点箱内附件，若无缺失则将箱盖盖上，扣好搭扣、上锁。

8. 测量工具的使用

① 使用钢尺时，应防止扭曲、打结，防止行人踩踏或车辆碾压，以免折断钢尺。携

尺前进时，应将钢尺提起，不得沿地面拖行，以免钢尺尺面刻画线磨损。使用完毕，应将钢尺擦净并涂油防锈。

② 皮尺的使用方法基本与钢尺的使用方法相同，但量距时使用的拉力应小于使用钢尺时的拉力。皮尺应避免沾水，若受水浸，应晾干后再卷入皮尺盒内。收卷皮尺时切忌扭转卷入。

③ 水准尺和花杆，应注意防止受横向压力。不得将水准尺和花杆斜靠在墙上或电线杆上，以防倒下摔断。也不允许在地面上拖行或将花杆当作标枪投掷。使用塔尺时应注意接口处的正确连接，用后及时收尺。

④ 小件工具如垂球、尺垫等，应用完即收，防止遗失。

1.4　测量记录与计算要求

测量野外手簿是外业观测成果的真实记录和内业数据处理的依据。在测量手簿上记录和计算时，必须严肃认真、一丝不苟，并严格遵守以下规则。

（1）观测记录必须直接填写在规定的表格内，不得用其他纸张记录再行转抄，所有记录与计算均用硬性铅笔（2H 或 3H）填写。

（2）凡记录表格上规定填写的项目应填写齐全，记录表头上的仪器型号、编号、日期、天气、成像，测站、观测者及记录者姓名等无一遗漏地填写清楚。

（3）记录计算时，字体应端正清晰、数位对齐、数字齐全，字高应稍大于格子的一半，一旦记录中出现错误，便可在留出的空隙处对错误的数字进行更正。

（4）观测者读数后，记录者应立即回报读数，经确认后再记录，以防听错、记错。

（5）禁止擦拭、涂改与挖补。发现错误，应在错误处用横线画去，将正确数字写在原数上方，不得使原字模糊不清。淘汰某整个部分时可用斜线画去，保持被淘汰的数字仍然清晰。所有记录的修改和观测成果的淘汰，均应在备注栏内注明原因（如测错、记错或超限等）。

（6）禁止连环更改，例如，水准测量中的黑面、红面读数，角度测量中的盘左、盘右读数，距离测量中的往、返观测等。若已修改了平均数，则不准再改计算得此平均数之任何一原始数；若已改正一个原始读数，则不准再改其平均数；若两个读数均错误，则应重测重记。

（7）原始观测之尾部读数不准更改，如角度读数 $40°15'54''$ 的秒读数，$54''$ 不准更改；读数和记录数据的位数应齐全，不能省略零位。如在普通测量中，水准尺读数 0032，度盘读数 $4°06'06''$，其中的"0"均不能省略。

（8）数据计算时，应根据所取的位数，按"4 舍 6 入，逢 5 奇进偶不进"的规则进行凑整。如 1.8644、1.8636、1.8645、1.8635 等数，若取三位小数，则均记为 1.864。

（9）每测站观测结束，应在现场完成计算和检核，确认合格后方可迁站。实训结束，应按规定每人或每组提交一份记录手簿或实验报告。

第2章 工程测量单项实训

2.1 实训项目1 DS₃水准仪的使用与普通水准测量

2.1.1 实训目的与要求

（1）认识 DS₃ 自动安平水准仪的基本结构、各部件及调节螺旋的名称和作用，掌握其使用方法。

（2）熟悉水准尺的刻划，学会水准尺的读数方法。

（3）掌握水准仪的安置、瞄准、粗平、精平、读数和记录的方法。

（4）测定地面一段闭合水准路线，并计算两点之间的高差和闭合水准路线闭合差。

2.1.2 实训任务

（1）练习水准仪的安置，学会仪器各部件的作用及使用方法。

（2）练习使用圆水准器初步整平仪器。

（3）学会瞄准目标、调焦、消除视差、用十字丝在水准尺上读数。

（4）测定两点间的高差，计算高差闭合差。

2.1.3 实训学时数与仪器及工具

（1）实训学时数为 2～3 学时，每小组 4～5 人。

（2）DS₃ 自动安平水准仪 1 套，水准尺 1 把，视需要增加尺垫 1 对，记录板 1 个，测伞 1 把。

2.1.4 实训内容与步骤

由实训指导教师集中现场演示、讲解，然后学生在老师的指导下分组进行。

水准仪的认识与使用

1. 水准仪的认识与使用

（1）安置仪器

打开三脚架，按观测者身高和地面情况，调节脚架长度，使架头大致水平、高度适中，将脚架稳定。然后，从仪器箱中，取出仪器，用中心连接螺旋将水准仪固定在三脚架上。

（2）认识水准仪的构造、各部件的名称及作用

1）认识仪器，对照实物正确说出并使用仪器的组成部分，各螺旋的名称及作用。

2）消除视差，调节目镜，使十字丝清晰；旋转物镜调焦螺旋，使物像清晰。

5

（3）粗平

如图 2-1 所示，先将圆水准气泡置于①、②脚螺旋之间，用左右手，按相对（或相反）方向，旋转①、②脚螺旋，将圆水准气泡调至与①、②脚螺旋方向相垂直的位置线上。注意观察，气泡运动方向与左手大拇指前进方向一致。调节第③脚螺旋，使圆水准气泡居中。一般需要反复操作上述步骤 2～3 次，即可整平仪器。

（4）瞄准

用准星和照门粗瞄水准尺，旋紧水平制动螺旋；转动水平微动螺旋，使十字丝竖丝大致平分水准尺上的分划。

（5）精平

调节微倾螺旋，使水准管气泡居中，此时，与符合水准气泡的像相符合即可（直接从望远镜旁的符合气泡观察窗中看到）。对于自动安平水准仪来说，不需要精平，如图 2-1 所示。

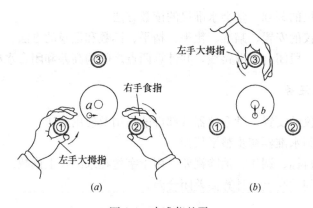

图 2-1　水准仪整平

（6）读数

精平后，用十字丝中丝读取在水准尺上四位数读数，其中，米和分米位数从标尺上直接读取，厘米位数格子，毫米位估读。如图 2-2 所示，读数为：1608 和 6295（单位为毫米），或 1.608 和 6.295（单位为米）。注意：记录者要复述读数。读数记录到表 2-1 中。

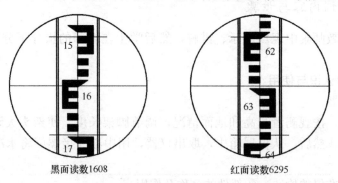

黑面读数1608　　　　红面读数6295

图 2-2　水准尺读数

水准仪的认识与使用观测记录表 表 2-1

日期：_____年___月___日　　　天气：_____　　　仪器号：_____

班级：_____　　　小组：_____　　　观测：_____　　　记录：_____

安置仪器次数	照准点	后视读数（mm）	前视读数（mm）	高差（m）	备注
第1次					
第2次					

2. 普通水准测量

（1）地面上，选择一个已知点 A 和若干个未知点 B、C、D，构成闭合水准路线 $A \to B \to C \to D \to A$，如图 2-3 所示。

（2）从已知点 A 出发，按照水准测量的施测方法，依次测定 A 与 B，B 与 C，C 与 D，D 与 A 之间的后视读数 a 与前视读数 b，后视读数 a 和前视读数 b 均分别进行水准尺的黑面读数和红面读数。

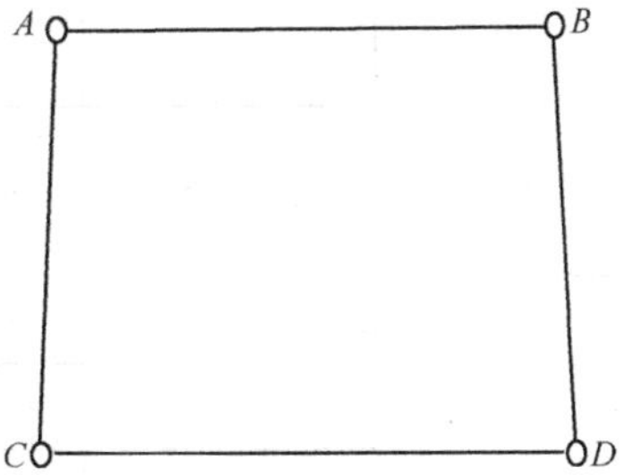

图 2-3　闭合水准路线

（3）进行测站上的观测、记录、计算及其检核，完成普通水准测量记录（双面尺法），见表 2-2。

（4）观测工作结束后，应进行成果检核：各测段高差之总和，即为高差闭合差为：$f_h = \Sigma h_i = h_{AB} + h_{BC} + f_{CD} + f_{DA}$，计算高差闭合差容许值：$f_{h容} = \pm 12\sqrt{n}(\text{mm})$。二者进行比较，若 $f_h < f_{h容}$，则普通水准测量观测质量满足精度要求，成果合格。

2.1.5　注意事项

（1）测站上，三脚架的安置应便于观测员站立观测，仪器架设不要太高也不要太矮，望远镜略低于观测者的眼睛。

（2）在已知高程点和待定点上，不能放置尺垫；设置转点时，转点上应安置尺垫；仪器迁站时，前视尺垫不能移动。

普通水准测量记录表（双面尺法）　　　　　　　　　表 2-2

日期：_____年___月___日　　　天气：_____　　　仪器号：_____

班级：_____　　小组：_____　　观测：_____　　记录：_____

| 测站 | 点号 | 水准尺读数（mm） | | 高差（m） | | 备注 |
		后视	前视	+	-	
检核计算	Σ					

（3）前、后视距应大致相等，并注意读数前消除视差。

（4）记录员在听到观测员的读数后，应向观测员回报；扶尺员应站在水准尺后，双手将水准尺扶直，不得前后、左右倾斜。

2.2　实训项目2　四等水准测量

2.2.1　实训目的与要求

（1）掌握使用双面水准尺进行四等水准测量的观测步骤及读数、记录、测站检核及计算方法与要求。

（2）熟悉四等水准测量的主要技术指标和限差要求，掌握水准测量检核及水准路线成果检核的方法，进一步练习水准仪的操作使用。

2.2.2　实训任务

（1）练习水准路线的选点、布设。

（2）学会独立完成一条闭合水准路线的实际作业过程：观测、读数、记录、计算、检核、迁站等。

（3）练习测站的计算检核、水准路线成果检核、高程平差计算。

2.2.3　实训学时数与仪器及工具

（1）实训学时数为 3 学时，每小组 4~5 人。

（2）DS_3 自动安平水准仪 1 套，水准尺 1 对（一把常数为 4687，另一把为 4787），视需要增加尺垫 1 对，记录板 1 个，测伞 1 把。

2.2.4　实训内容与步骤

（1）三、四等水准测量的技术要求与限差要求

根据《工程测量规范》GB 50026—2007 规定，三、四等水准测量的技术要求与限差要求见表 2-3。

四等水准测量

三、四等水准测量的技术要求与限差要求　　　　　　　　表 2-3

等级	前后视距差（m）		黑、红读数较差（mm）	黑、红高差较差（mm）	视线长度（m）	视线离地面高（m）	闭合差（mm）	
	每站	累积					平地	山地
三	3	6	2	3	75	0.3	$\pm 12\sqrt{L}$	$\pm 4\sqrt{n}$
四	5	10	3	5	100	0.2	$\pm 20\sqrt{L}$	$\pm 6\sqrt{n}$

（2）测站的观测顺序

在地面上，选择一点作为已知高程起算点（例如 $H_A = 100m$），从已知点出发，经过若干个待定点或转点，最后，回到起算点，构成一条闭合水准路线。

1）在两尺中间安置仪器，使前后视距大致相等，其视距差以不超过 3m 为准。

2）用圆水准器整平仪器，照准后视尺黑面，转动微倾螺旋使水准管气泡严格居中，分别读取上、下、中丝读数①、②、③。

3）照准后视尺红面，符合气泡居中后读中丝读数④。

4）照准前视尺黑面，符合气泡居中后分别读上、下、中丝读数⑤、⑥、⑦。

5）照准前视尺红面，符合气泡居中后读中丝读数⑧。

当使用自动安平水准仪观测时，因自动安平水准仪没有微倾螺旋，不需要"转动微倾螺旋使水准管气泡严格居中"。

将上述①、②…⑧表示观测与记录次序，记入表 2-4 的相应栏中。以上观测顺序简称为"后—后—前—前"。

（3）测站的计算与检核

后视距离：⑨＝①－②；前视距离：⑩＝⑤－⑥

前后视距差：⑪＝⑨－⑩；前后视距累计差：⑫＝上站的⑫＋本站⑪

（4）同一水准尺黑、红面中丝读数的检验

后视尺：⑬＝③＋K－④；前视尺：⑭＝⑦＋K－⑧

⑬和⑭的理论值应为 0，由于测量存在误差，其实际值的限差详见表 2-3。表 2-4 中 55 号尺的 K_1 值为 4787，56 号尺的 K_2 值为 4687。

（5）高差计算与检核

黑面所测高差：⑮＝③－⑦；红面所测高差：⑯＝④－⑧

黑、红面所测高差之差：⑰＝⑮－⑯±0.1m＝⑬－⑭

黑、红面高差的平均值：⑱＝$\frac{1}{2}$［⑮＋（⑯±0.100）］

（6）每页计算的校核

1）视距计算检核

后视距离总和与前视距离总和之差应等于末站视距累计差，即

$$\Sigma⑨－\Sigma⑩＝末站的⑫$$

检验无误后，计算总视距：

$$总视距＝\Sigma⑨＋\Sigma⑩$$

2）高差总和的检核

红黑面后视总和与红黑面前视总和之差应等于红黑面高差之和，同时还等于平均高差总和的两倍。

当测站为偶数时：$\Sigma［③＋⑦］－\Sigma［④＋⑧］＝\Sigma［⑮＋⑯］＝2\Sigma⑱$

当测站为奇数时：$\Sigma［③＋⑦］－\Sigma［④＋⑧］＝\Sigma［⑮＋⑯］＝2\Sigma⑱±0.100$

2.2.5 水准测量成果整理

每组完成一条 4 个点（一个已知点、3 个未知点）的闭合水准路线测量：一人观测、一人记录计算、两人立尺，并轮换工种。在施测过程中，需检核每站观测结果是否符合要求，如超限，应及时返工重测；最后，整条水准路线成果进行检核、高程误差配赋，计算并未知点的高程，见表 2-5。

2.2.6 注意事项

（1）记录员在记录的同时应实时计算，一测站观测结束后，应立即检核，只有在成果合格时，方可搬迁下一站；若检核条件不满足，应立即重新观测。

（2）计算平均高差时，都是以黑面标尺读数计算所得高差为基准，将红面标尺读数计算所得高差加上 0.1m，或者减去 0.1m，再取两者平均值即可。

（3）后视标尺扶尺员必须等到仪器搬站后，方可移动尺垫迁往下一个立尺点。

（4）一测段内（两水准点之间）的测站数以偶数站结束。

四等水准测量观测手簿示例 表 2-4

日期：_____年___月___日　　天气：_____　　仪器号：_____

班级：_____　　小组：_____　　观测者：_____　　记录者：_____

测站编号	测段	后尺 上丝/下丝，后视距，视距差 d(m)	前尺 上丝/下丝，前视距，∑d(m)	方向及尺号	水准尺读数 黑面(mm)	水准尺读数 红面(mm)	K+黑-红(mm)	平均高差(m)	备注
		①	⑤	后	③	④	⑬		K_1=4787
		②	⑥	前	⑦	⑧	⑭		K_2=4687
		⑨	⑩	后一前	⑮	⑯	⑰	⑱	
		⑪	⑫						
1	BM.A ↓ TP1	1426	0801	后 K_1	1211	5998	0		
		0955	0371	前 K_2	0586	5723	0		
		43.1	43.0	后一前	+0.625	+0.725	0	+0.625	
		+0.1	+0.1						
2	TP1 ↓ TP2	1812	0570	后 K_2	1554	6241	0		
		1296	0052	前 K_1	0311	5097	+1		
		51.6	51.8	后一前	+1.243	+1.144	−1	+1.244	
		−0.2	−0.1						
				后 K_1					
				前 K_2					
				后一前					
				后 K_2					
				前 K_1					
				后一前					

测站	点号	距离 (km)	测站数	实测高差 (m)	改正数 (m)	改正后高差 (m)	高程 (m)	备注
1	2	3	4	5	6	7	8	9
	A						100.000	

辅助计算

$f_h=$ $\qquad$ $f_{h容}=$

一公里高差改正 $= -\dfrac{f_h}{\sum L} =$

一测站高差改正 $= -\dfrac{f_h}{\sum L} =$

2.3 实训项目3 DJ₆经纬仪的使用与测回法测量水平角

2.3.1 实训目的和要求

(1) 熟悉 DJ₆级光学经纬仪的基本构造、各个部件的名称及其作用。

(2) 掌握 DJ₆级光学经纬仪对中、整平以及读数方法。

(3) 掌握测回法测量水平角的操作步骤、记录和计算方法及限差要求。

2.3.2 实训任务

(1) 练习经纬仪的安置,学会仪器各部件的作用及使用方法。

(2) 练习经纬仪的光学对中与整平。

(3) 学会瞄准目标、调焦、消除视差,掌握用经纬仪测量水平角。

(4) 练习一测站观测水平角的方法、记录、计算和检核及限差要求。

2.3.3 实训学时数与仪器及工具

(1) 实训学时数为 3 学时,每小组 4~5 人。

(2) DJ₆级光学经纬仪 1 套,测钎 2 根,视需要增加记录板 1 个,测伞 1 把。

2.3.4 实训内容与步骤

由实训指导教师集中现场演示、讲解,然后,学生在老师的指导下分组进行。

（1）经纬仪的认识

打开三脚架，置于地面标定点正上方，使架头大致水平，高度与观测者身高相适应。装上仪器，拧紧中心螺旋。

对照实物正确说出经纬仪的组成部分、各个部件的名称及其作用。如图 2-4 所示为 DJ$_6$ 级光学经纬仪。

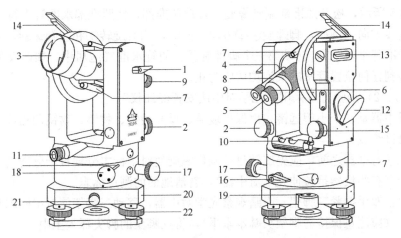

图 2-4　DJ$_6$ 光学经纬仪

1—望远镜制动螺旋；2—望远镜微动螺旋；3—物镜；4—物镜调焦螺旋；5—目镜；6—目镜调焦螺旋；7—光学瞄准器；8—度盘读数显微镜；9—度盘读数显微镜调焦螺旋；10—照准部管水准器；11—光学对中器；12—度盘照明反光镜；13—竖盘指标管水准器；14—竖盘指标管水准器观察反射镜；15—竖盘指标管水准器微动螺旋；16—水平方向制动螺旋；17—水平方向微动螺旋；18—水平度盘变换螺旋与保护卡；19—基座圆水准器；20—基座；21—轴套固定螺旋；22—脚螺旋

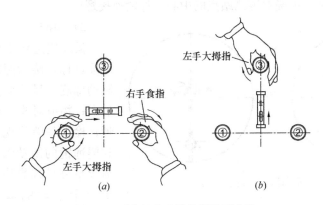

图 2-5　照准部水准管仪器整平方法

（2）经纬仪的使用

1）安置仪器

先在地面上选择一点，做好地面标志，作为测站点；在测站点上，张开三脚架，按照观测者身高调整三脚架的高度，并且使三脚架头基本水平、中心大致位于过测站点的铅垂线上（可拾一小石头从架头的中央自由落下，当其落在测站点附近时，说明脚架已大致对中）。

然后，从仪器箱中，取出经纬仪（同时，注意观察仪器的装箱位置，以便使用结束后装箱）；一手紧握经纬仪支架，将仪器安放到三脚架的架头上，一手旋转位于架头底部的连接螺旋，使其穿过经纬仪基座压板螺孔，旋紧螺旋将仪器固定在脚架上。

2）整平

如图 2-5 所示，松开照准部制动螺旋，转动照准部，使照准部水准管平行于任意两个脚螺旋之连线方向，例如，脚螺旋①②方向。同时，相对旋转①和②脚螺旋，使管水准气泡居中。照准部平转 90°，转动第三个脚螺旋③，使管水准气泡居中。如此反复进行，直至照准部转到任何位置管水准气泡均居中为止。

以上 1）、2）步骤可以采用"光学对中法安置经纬仪"。

光学对中器是一个小望远镜，由保护玻璃、反光棱镜、物镜、物镜调焦镜、对中标志分划板和目镜组成。

使用光学对中器之前，应先旋转目镜调焦螺旋使对中标志分划板十分清晰，再旋转物镜调焦螺旋（有些仪器是拉伸光学对中器），看清地面的测点标志。

粗对中：双手握紧三脚架，眼睛观察光学对中器，移动三脚架使对中标志基本对准测站点的中心（应注意保持三脚架头基本水平），将三脚架的脚尖踩入土中。

精对中：旋转脚螺旋使对中标志准确对准测站点的中心，光学对中的误差应小于1mm。

粗平：伸缩脚架腿，使圆水准气泡居中。

精平：转动照准部，旋转脚螺旋，使管水准气泡在相互垂直的两个方向上居中。精平操作会略微破坏之前已完成的对中关系。

再次精对中：旋松连接螺旋，眼睛观察光学对中器，平移仪器基座（注意，不要有旋转运动），使对中标志准确对准测站点的中心，拧紧连接螺旋。

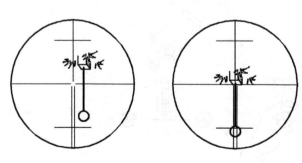

图 2-6　水平角测量瞄准目标方法

3）照准

借助望远镜上的准星或粗瞄器对准目标，旋紧照准部和望远镜的制动螺旋。目镜对光，使十字丝最清晰；物镜对光，使目标影像最清晰；检查并消除视差。转动照准部和望远镜的微动螺旋，使十字丝单纵丝平分目标影像，或者目标影像平分十字丝的双纵丝。如图 2-6 所示。

4）读数

如图 2-7 所示，调节度盘反光镜的位置，使读数窗的亮度适度且均匀；旋转读数显微镜调焦螺旋，使度盘和测微尺的影像清晰。读取落在分微尺上的某度盘分划线所注记的度数；再以该分划线为指标，读取分微尺上度以下的读数，并估读至 0.1′；二者之和即为完整读数。

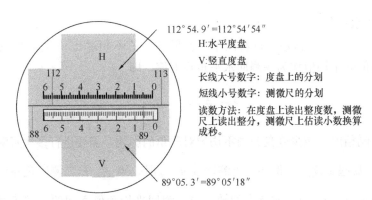

```
112°54.9′=112°54′54″
H:水平度盘
V:竖直度盘
长线大号数字：度盘上的分划
短线小号数字：测微尺的分划
读数方法：在度盘上读出整度数，测微
尺上读出整分，测微尺上估读小数换算
成秒。

89°05.3′=89°05′18″
```

图 2-7　水平度盘读数 112°54′54″，竖直度盘读数 89°05′18″

（3）测回法测量水平角

测回法测量水平角

1）如图 2-8 所示，在地面点 O 上，安置仪器，盘左位置（也称正镜，上半测回），瞄准目标 A，旋开水平度盘变换锁，将水平度盘读数配置在 0°附近，检查是否精确瞄准，读取水平度盘读数 $a_左 = 0°03′54″$，记入观测手簿中，如表 2-6 所示。

2）松开照准部和望远镜制动螺旋，顺时针转动照准部，精确瞄准目标 B，读取水平度盘读数 $b_左 = 96°52′00″$，记入手簿中。盘左位置观测得水平角为：

$$\beta_左 = b_左 - a_左 = 96°48′06″$$

式中　$\beta_左$——上半测回水平角的观测值。

图 2-8　测回法观测水平角

3）盘右位置（也称倒镜，下半测回），松开照准部和望远镜制动螺旋，纵转望远镜，逆时针方向旋转照准部，瞄准目标 B，读取读数 $b_右 = 276°51′24″$，记入观测手簿中。

4）松开照准部和望远镜制动螺旋，逆时针旋转照准部，再瞄准目标 A，读取读数 $a_右 = 180°03′30″$，记入观测手簿中。下半测回水平角观测值为：

$$\beta_右 = b_右 - a_右 = 96°47′54″$$

《城市测量规范》没有给出测回法半测回角差的容许值，根据图根控制测量的测角中误差为 $±20″$，一般取中误差的 2 倍作为限差，则为 $±40″$（表 2-6）。

测回法观测手簿示例　　　　　　　　　　　　　　表 2-6

测站	竖盘位置	目标	水平度盘读数 ° ′ ″	半测回角值 ° ′ ″	一测回角值 ° ′ ″	各测回平均角值 ° ′ ″	备注
第一测回 O	左	A	0 03 54	96 48 06	96 48 00	96 48 04	
		B	96 52 00				
	右	A	180 03 30	96 47 54			
		B	276 51 24				
第二测回 O	左	A	90 02 30	96 48 12	96 48 09		
		B	186 50 42				
	右	A	270 02 12	96 48 06			
		B	6 50 18				

5）测回法水平角计算

对于 DJ₆ 经纬仪，当盘左、盘右两个半测回的差值不超过 ±40″时，取其盘左、盘右两个半测回角值的平均值作为一测回水平角观测值，即

$$\beta = \frac{1}{2}(\beta_左 + \beta_右)$$

为提高观测精度、减少度盘分划不均匀对测角的影响，需要进行多次观测，每测回应按 $\frac{180°}{n}$ 变换度盘起始读数，例如，当测回数 $n=2$ 时，第一、第二测回盘左位置，第一方向的读数应分别置于 0°、90°或略大的数。当各测回平均角值之间的互差不超过 ±24″时，取其平均值作为角度最后观测值。否则应重测，见表 2-7。

测回法观测手簿　　　　　　　　　　　　　　表 2-7

测站	竖盘位置	目标	水平度盘读数 ° ′ ″	半测回角值 ° ′ ″	一测回角值 ° ′ ″	各测回平均角值 ° ′ ″	备注

2.3.5 注意事项

（1）对中误差不得超过 3mm；观测过程中，照准部水准管气泡偏离中心不超过 1 格，否则，重新整平，并重测该测回。

（2）使用制动螺旋，达到制动目的即可，不可强力过量旋转。

（3）微动螺旋应始终使用其中部，不可强力过量旋转。

（4）照准目标时，应注意检查并消除视差，并尽量瞄准目标的底部，减少目标偏心对观测水平角的影响。

（5）上、下半测回角值互差不应超过 ±40″，各测回互差不应超过 ±24″，超限须重新观测。

2.4 实训项目 4 竖直角观测与视距测量

2.4.1 实训目的和要求

（1）进一步熟悉 DJ_6 级光学经纬仪的正确使用。

（2）掌握竖直角的观测程序及记录和计算的方法。

（3）了解竖盘指标差的计算方法。

（4）掌握视距测量测定水平距离和高差的操作步骤、记录和计算方法。

2.4.2 实训任务

（1）选择 2~3 个不同高度的目标，分别观测所有目标并计算其竖直角。

（2）练习用视距测量的方法测定地面两地间的水平距离和高差。

（3）学会视距测量记录、计算的方法。

2.4.3 实训学时数与仪器及工具

（1）实训学时数为 3 学时，每小组 4~5 人。

（2）每组配备 DJ_6 级光学经纬仪 1 套，水准尺 1 把，小钢尺 1 把，测伞 1 把。

2.4.4 实训内容与步骤

（1）竖直角观测

1）安置仪器于地面测站点 O 上，对中、整平，并量取仪器高，选取

竖直角观测

A、B、C 三个不同高度的目标。

2）判断并确定仪器竖直角计算公式。

盘左位置，将望远镜大致放平，观测竖盘读数，然后，慢慢上抬望远镜，观察竖盘读数变化情况，若读数减小，则竖直角等于望远镜水平时的读数（如为 90°）减去目标读数；反之，则竖直角等于目标读数减去望远镜水平时的读数。

3）盘左位置，瞄准目标 A，用望远镜微动螺旋使望远镜十字丝横丝的单丝精确切准

17

目标顶部，在竖盘指标水准管气泡居中后，读取竖直度盘，盘左读数 L 记入表格。

4）纵转望远镜，变为盘右位置，旋转望远镜微动螺旋，使望远镜十字丝横丝精确切准目标同一位置，指标水准管气泡居中后，读取竖直度盘，盘右读数 R 记入表格。盘左、盘右构成一测回竖直角观测。

重复 2）、3）步骤，测定目标 B、C 的竖直角（表 2-8）。

$$\alpha_L = 90° - L，\alpha_R = R - 270°$$

竖直角　$\alpha = \dfrac{1}{2}(\alpha_L + \alpha_R) = \dfrac{1}{2}(R - L - 180°)$

指标差　$x = \dfrac{1}{2}(L + R - 360°) = \dfrac{1}{2}(\alpha_R - \alpha_L)$

竖直角测量的记录与计算　　　　　　　　　　表 2-8

测站	目标	盘位	竖盘读数 ° ′ ″	半测回竖直角 ° ′ ″	指标差 ″	一测回竖直角 ° ′ ″	备注
		左					
		右					
		左					
		右					
		左					
		右					
		左					
		右					
		左					
		右					
		左					
		右					
		左					
		右					
		左					
		右					

（2）视距测量

1）如图 2-9 所示，在测站点 A 安置经纬仪，对中、整平，用小钢尺量取仪器高 i（测站点至经纬仪横轴的高度），并假定测站点 A 的高程 $H_A = 45.00\text{m}$。

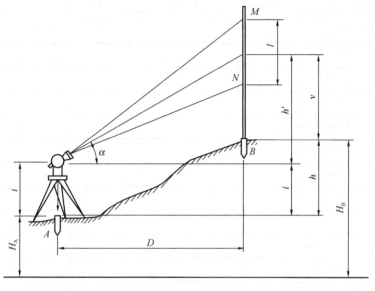

图 2-9 视距测量

2）视距测量一般以经纬仪的盘左位置进行测量，水准尺（也称视距尺）立于若干待测点上。

瞄准直立于待测点上的视距尺，转动望远镜微动螺旋，以十字丝的上丝对准尺上某一整分米，读取下丝读数 b，上丝读数 a，中丝读数 v，可以得到视距间隔 l。然后，将竖盘指标水准管气泡居中，读取竖盘读数 L，并计算竖直角 α。

3）根据测得的 i、l、v 和 α，用公式计算：

水平距离　　$D = Kl\cos^2\alpha$

高差　　　　$h = \dfrac{1}{2}Kl\sin2\alpha + i - v = D\tan\alpha + i - v$

高程　　　　$H_B = H_A + h_{AB}$

计算出 A、B 两点间水平距离 D_{AB}、高差 h_{AB} 及 B 点高程 H_B（表 2-9）。

2.4.5　注意事项

（1）仪器安置应稳妥，观测过程中不可触动三脚架；竖盘水准管气泡偏移不得超过 1 格，测回观测间允许重新整平。

（2）观测过程中，对同一目标应用十字丝中丝切准同一部位。

（3）视距测量前，应测定经纬仪的指标差，并进行检核；各测回间指标差互差不超过 $\pm25''$。

（4）观测者和记录者应坚持回报制度。

视距测量记录表 表 2-9

日期_____年___月___日 天气_____ 观测者_____记录者_____
测站_____ 测站高程_____ 仪器高_____ 指标差_____

点号	尺上读数		视距间隔（m）	竖直角		水平距离（m）	高差（m）	高程（m）	备注
	中丝	上丝下丝		竖盘读数 ° ′ ″	竖直角 ° ′ ″				

2.5 实训项目5 罗盘仪定向测量

2.5.1 实训目的与要求

（1）了解罗盘仪的结构及使用方法。
（2）掌握罗盘仪测定直线方位角的操作步骤和方法。

2.5.2 实训任务

（1）练习罗盘仪的安置、瞄准目标，学会仪器各构件的作用、罗盘仪的读数方法。
（2）熟悉罗盘仪测定直线磁方位角、计算坐标方位角。

2.5.3 实训学时数与仪器及工具

（1）实训学时数为 2 学时，每小组 4～5 人。
（2）每组配备罗盘仪 1 套，测钎 2 只。

2.5.4 实训内容和步骤

（1）罗盘仪的构造
罗盘仪的主要部件：磁针、刻度盘、望远镜和基座，如图 2-10 所示。

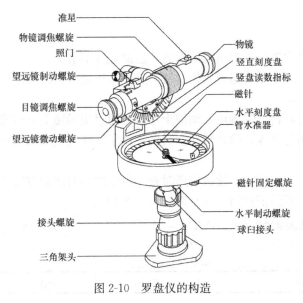

准星
物镜调焦螺旋
照门
望远镜制动螺旋
目镜调焦螺旋
望远镜微动螺旋

物镜
竖直刻度盘
竖盘读数指标
磁针
水平刻度盘
管水准器

磁针固定螺旋
水平制动螺旋
球臼接头

接头螺旋
三角架头

图 2-10　罗盘仪的构造

1）磁针：磁针用人造磁铁制成，磁针在度盘中心的顶针尖上可自由转动。为了减轻顶针尖的磨损，不用时，应旋转磁针固定螺旋，升高磁针固定杆，将磁针固定在玻璃盖上。

2）刻度盘：用钢或铝制品制成的圆环，随望远镜一起转动，每隔10°有一注记，按逆时针方向从0°注记到360°，最小分划为1°。刻度盘内装有一个圆水准器或者两个相互垂直的管水准器，用手控制气泡居中，使罗盘仪水平。

3）望远镜：罗盘仪的望远镜与经纬仪的望远镜结构基本相似，有物镜对光螺旋、目镜对光螺旋和十字丝分划板

等，望远镜的视准轴与刻度盘的0°分划板共面。

4）基座：采用球臼结构，松开接头螺旋，如图2-10所示，可摆动刻度盘，使水准气泡居中，度盘处于水平位置，然后，拧紧接头螺旋。

（2）罗盘仪的使用

1）罗盘仪的安置：将罗盘仪器安置在直线起点 A 上（如直线 AB，起点 A，终点 B），挂上垂球对中后，松开球臼接头螺旋，用手向前、后、向左、右方向转动刻度盘，使水准气泡居中，拧紧球臼接头螺旋，使仪器处于对中和整平状态。

2）松开磁针固定螺旋，让它自由转动；转动罗盘，用望远镜照准 B 点上测钎（或标杆）；待磁针静止后，按磁针北端所指的度盘分划值读数，即为直线 AB 边的磁方位角值。如图2-11所示。

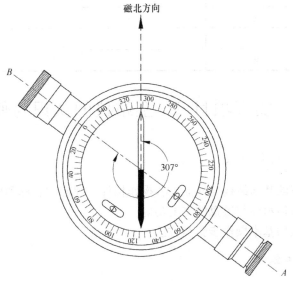

图 2-11　用罗盘仪测定磁方位角原理图

2.5.5 注意事项

（1）导线点不应选在高压线、钢铁构造物、变压器等附近，以避免局部引力。

（2）罗盘仪在导线点上，对中整平后，不要忘记放松磁钉，并轻敲玻璃盖，以防磁针粘在玻璃盖上，并注意磁针转动是否灵活。

（3）用望远镜瞄准目标时，须首先旋转目镜调焦，调清十字丝，通过望远镜上方的准星大致瞄准目标；用对光调焦螺旋，调清物像，微微转动望远镜，使十字丝交点对准目标中心，然后固定竖轴。

（4）注意度盘的刻度注记是逆时针方向增加，读数应逆时针，由少向多的注记方向读取，读数时，顺磁针方向在磁针北端（不缠铜丝的一端）读数（表2-10）。

罗盘仪测量磁方位角记录表　　　　　　　　　　表 2-10

日期＿＿＿＿年＿＿＿月＿＿＿日　天气＿＿＿＿＿　观测者＿＿＿＿＿
仪器型号＿＿＿＿＿＿＿　班组＿＿＿＿＿＿＿＿＿　记录者＿＿＿＿＿

测段	磁方位角		平均值	备注
A—B	正			
	反			
	正			
	反			
	正			
	反			
	正			
	反			
	正			
	反			
	正			
	反			
	正			
	反			

2.6 实训项目6 全站仪的认识与使用

2.6.1 实训目的和要求

（1）了解全站仪的基本结构与性能、各操作构件、螺旋的名称和作用。
（2）熟悉全站仪显示屏与键盘的主要功能。
（3）掌握全站仪的基本操作步骤与方法。

2.6.2 实训任务

（1）认识仪器的主要构件、螺旋的名称和作用。

（2）认识操作面板的主要使用功能。

（3）练习全站仪进行角度测量、距离测量、悬高测量等基本工作。

2.6.3　实训学时数与仪器及工具

（1）实训学时数为 3 学时，每小组 4～5 人。

（2）每组配备全站仪 1 套，棱镜 1 套，小钢尺 1 把，测钎 2 根。

2.6.4　实训内容与操作步骤

1. 三鼎光电全站仪

（1）三鼎光电全站仪的认识

1）认识全站仪的构造、部件名称和作用

全站仪的基本构造主要包括：光学系统、光电测角系统、光电测距系统、微处理机、显示控制/键盘、数据/信息存储器、输入/输出接口、电子自动补偿系统、电源供电系统、机械控制系统等部分。

2）认识全站仪的操作面板（图 2-12）

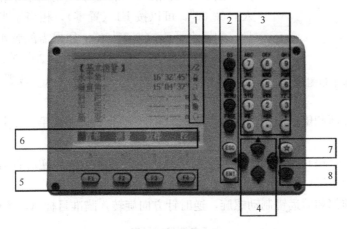

图 2-12　三鼎光电全站仪的显示屏与键盘

1—图标；2—固定键（具有相应的固定功能）；3—字符数字键；

4—导航键（在编辑或输入模式中控制输入光标，或控制当

前操作光标）；5—软功能键（相应功能随屏幕底行显示而变化）；

6—软功能（显示软功能键对应的操作功能，用于启动相应功能）；

7—星号键（重要按键）；8—电源开关键

3）熟悉全站仪的基本操作功能

全站仪的基本测量功能是测量水平角、竖直角和斜距，借助机内固化软件，组成多种测量功能，如计算并显示平距、高差以及镜站点的三维坐标，进行偏心测量、对边测量、悬高测量和面积测量计算等功能。

4）练习并掌握全站仪的安置与观测方法

在一个测站上安置全站仪，选择两个目标点安置反光镜（棱镜），练习水平角、竖直角、距离的测量，观测数据记入实训报告相应表格中。

（2）全站仪的使用

1）测量前准备工作

① 打开脚架，将仪器安置在三脚架头上，打开电源开关键，仪器进入测量界面，主屏幕显示（基本测量），显示激光对中器的激光。如果不显示激光，按"★"键，"常用设置"功能下，通过导航键，选择"激光对点"，按数字"2"，显示激光。

② 固定一个脚尖，用双手提起另外两个脚尖，移动架头，使激光对准地面标志；升降脚架，使圆水准气泡居中；将管水准气泡（或操作面板）与任意两个脚螺旋平行，调节这两个脚螺旋，管水准气泡居中，转动照准部，使管水准器与刚刚那两个脚螺旋垂直，调节第三个脚螺旋，使管水准气泡居中；反复对中、整平，使激光对准地面标志中心、管水准气泡居中。

③ 用小钢尺量取仪器高，小数点取至毫米位。

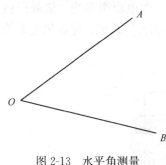

图 2-13　水平角测量

2）水平角测量

① 盘左位置：松开照准部和望远镜制动螺旋，如图 2-13 所示，瞄准第一个目标 A，"测量基本"界面 P2 功能页，按 F1（置角），屏幕显示当前的水平角度值，如果输入 0°00′00″，可以按 F1（置零），相当于光学经纬仪配度盘，配置水平读数 0°00′00″；如果需配置水平角度值，按 F4（设定）。例如，输入水平角 5°20′30″，其中，"°""′""″"用小数点"."键输入。读数记录如表 2-11 所示。

② 松开照准部和望远镜制动螺旋，顺时针旋转照准部，瞄准第二个目标 B，直接读取水平角读数。

③ 盘右位置：松开照准部和望远镜制动螺旋，倒转望远镜，逆时针方向旋转，即盘右位置，瞄准目标 B，读取水平角读数。

④ 松开照准部和望远镜制动螺旋，逆时针方向旋转，瞄准目标 A，读取水平角读数。

水平角测量记录表　　　　　　　　　　　　　　　表 2-11

测站	盘位	目标	水平度盘读数 ° ′ ″	半测回角值 ° ′ ″	一测回平均值 ° ′ ″	各测回平均值 ° ′ ″

3）距离测量

① 目标类型设定，按"★"键，进入"常用设置"，按 F3（EDM），进入"EDM 设置"功能界面，用上下导航键移动光标选择功能，"测距模式"，用左右导航键，选择"精测 1 次"；用上下导航键移动光标到"目标类型"，左右导航键可选择反射体类型：棱镜—免棱镜—反射片，例如，选择"棱镜"。按 ENT（确认键），返回"基本测量"P2 功能界面。

②转动照准部，瞄准目标 B 棱镜，按 F2（测量），启动单次距离测量，同时字母"测距"闪烁；"测距"停止闪烁，在屏幕上显示测得的距离（水平距离、斜距等）。

③测量三次，并记录至表格（表 2-12），三次读数较差不超过 5mm。

距离测量记录表   表 2-12

| 测站 | 镜站 | 棱镜数 | 读数 | | | 平均长度 |
			1	2	3	

4）悬高测量

① 将仪器安置在地面测站点 A 上，棱镜架设在某物体的正下方 P_1 点，例如，高压线下、屋顶下，并量取棱镜高。

② 按 MENU "菜单"键，进入菜单界面；按 F1 或数字 1，进入（应用程序）功能，按 F2 或数字 2，进入"基点"功能界面。

③ 输入 P_1 点棱镜高 $H_1 = 1.500$m，并按 ENT（确认），瞄准棱镜中心，按 F3（测量），得到平距 9.738（示例），这样基点位置被确定，按 ENT（确定），进入"悬高点"功能界面，显示悬高点 H：1.500m。

④ 抬高或降低望远镜，悬高点数值会相应变化。慢慢抬高望远镜，瞄准目标点（例如，高压线），显示结果 2.750m，即地面基点 P_1 到高压线的垂直高度为 2.750m。数据记录至表格（表 2-13）。

悬高测量记录   表 2-13

| 测站 | 目标 | 棱镜高 (m) | 目标悬高读数（m） | | | 平均悬高 (m) | 备注 |
			1	2	3		
A	P_1	1.500	2.750	2.751	2.750	2.750	

2. 中纬全站仪

（1）中纬（ZT80）全站仪的认识

如图 2-14 所示，中纬（ZT80）全站仪的显示屏与键盘，主要构件和名称。

（2）中纬全站仪的实验

1）测量前准备工作

① 打开脚架，将仪器安置在三脚架头上，打开电源开关键，按 FNC（功能键），快速进入功能设置界面，按 F1 电子整平键，显示激光和电子气泡。

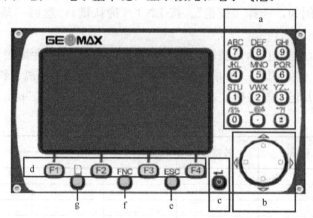

图 2-14　中纬全站仪显示屏与键盘

a—数字/字母键；b—导航键；c—电源键/确定键；d—软功能键 F1～F4；

e—ESC 键/退出键；f—FNC 键/快捷键；g—翻页键

② 固定一个脚尖，双手提起另外两个脚尖，移动架头，使激光对准地面标志；调节脚螺旋精确对准地面标志中心；松开脚架的固定螺旋，升降架腿，使圆水准气泡居中；将管水准气泡（或操作面板）与任意两个脚螺旋平行，调节这两个脚螺旋，使管水准气泡居中；调节第三个脚螺旋，使操作面板上电子气泡居中，反复对中、整平，使激光对准地面标志中心、电子汽泡居中。

③ 用小钢尺量取仪器高，小数点取至毫米位。

2）水平角测量

按 ESC 键，进入主菜单，显示主菜单功能屏幕：1 测量、2 程序、3 管理、4 传输、5 配置、6 工具；按数字 1 键，进入"常规测量"界面。

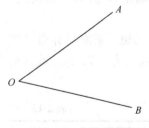

图 2-15　水平角测量

① 旋转照准部，如图 2-15 所示，瞄准第一个目标 A，顺续按 F4、按 F2（设 H_z）、按 F1（置零）、按 F4（确定），将水平角设定为零（相当于光学经纬仪配度盘，配置度盘读数 $0°00'00''$），也可以配置度盘读数 $1°12'48''$［按数字 1、12、48，按确定键，按 F4（确定）］。读数记录至表格（表 2-14）。

② 松开照准部和望远镜的制动螺旋，顺时针旋转照准部，瞄准第二个目标 B，直接读取水平角读数。

③ 松开照准部和望远镜的制动螺旋，倒转望远镜，逆时针方向旋转照准部，即盘右位置，瞄准目标 B，读取水平角读数。

④ 松开照准部和望远镜的制动螺旋，逆时针方向旋转照准部，瞄准目标 A，读取水平角读数。

水平角测量记录表　　　　　　　　　　　　　　　　　　　表 2-14

测站	盘位	目标	水平度盘读数 ° ′ ″	半测回角值 ° ′ ″	一测回平均值 ° ′ ″	各测回平均值 ° ′ ″

3）距离测量

① 目标设定，连续按 F4，主界面显示：F1（测存）、F2（编码）、F3（EDM）、F4（↓），按 F3（EDM），显示"EDM 设置"，按上下和左右导航键，选择 EDM 模式，选择 P-标准，棱镜类型，选择圆棱镜。

② 松开照准部和望远镜的制动螺旋，转动照准部，瞄准目标 B 棱镜，按 F2（测距）键，启动单次距离测量，屏幕闪烁，闪烁停止，在屏幕上显示测得的水平距离。

③测量三次，并记录至表格（表 2-15），三次读数较差不超过 5mm。

距离测量记录表　　　　　　　　　　　　　　　　　　　表 2-15

测站	镜站	棱镜数	读数			平均长度
			1	2	3	

4）悬高测量

① 将仪器安置在地面测站点 A 上，棱镜架设在某物体的正下方 P_2 点，例如，雨篷下，并量取棱镜高。

② 按 ESC 键，返回主菜单。

③ 按数字 2（程序），按翻页键进入程序第 3 页模式；按导航键，选择悬高测量，按 F3，进入悬高测量界面：F1（设置作业）、F2（设置测站）、F3（定向）、F4（开始）。

④ 按 F4，进入"基点"界面，点号修改为"P_2"；按 ENT（开关键），即（确定键），输入（棱镜高）1.550m。

⑤ 转动照准部，瞄准棱镜，按键 F1（测存），按 ENT（确定键），屏幕上显示 H:1.550m(当前十字丝照准的目标点到地面点 P_2 的距离)。

⑥ 抬高或降低望远镜，其数值会相应变化。慢慢抬高望远镜，瞄准目标点（例如，

雨篷），显示结果 3.590m，即地面基点 P_2 到雨篷的垂直高度为 3.590m。数据记录至表格（表 2-16）。

悬高测量记录表 表 2-16

测站	目标	棱镜高 （m）	目标悬高读数（m）			平均悬高 （m）	备注
			1	2	3		
A	P_2	1.550	3.590	3.591	3.590	3.590	

3. 苏州第一光学仪器厂全站仪

（1）RTS340 全站仪的认识

1）认识全站仪的构造、部件名称和作用（图 2-16、图 2-17）。

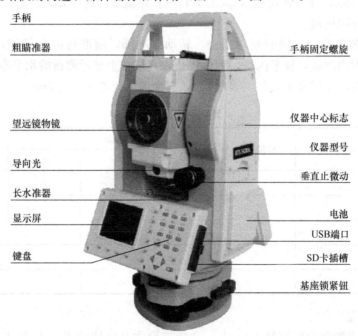

图 2-16 苏州全站仪的部件名称 1

2）认识全站仪的操作面板（图 2-18）。

（2）苏州全站仪的操作步骤

1）测量前准备工作

① 打开脚架，将仪器安置在三脚架头上，打开电源开关键，按 FUNC（功能键），快速进入功能设置界面，按 F1（整平/置中），显示电子气泡，按导航键（▲），控制激光下对点开关，有黑色能量条显示时为激光下对点打开。

② 固定一个脚尖，双手提取另外两个脚尖，移动架头，使激光对准地面标志中心，

6
全站仪的认识与
使用

28

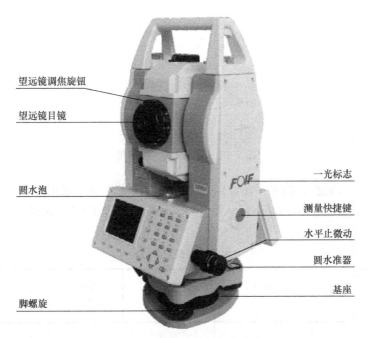

望远镜调焦旋钮
望远镜目镜
圆水泡
脚螺旋

一光标志
测量快捷键
水平止微动
圆水准器
基座

图 2-17   苏州全站仪的部件名称 2

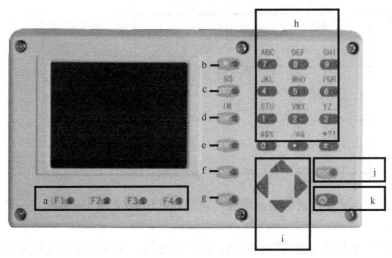

图 2-18   苏州全站仪的显示屏与键盘
a—软键；b—星键；c—自定义键；d—功能键；e—菜单键；f—翻页键；
g—确认键；h—数字、字符键；i—导航键；j—退出键；k—电源键

调节脚螺旋精确对准地面标志中心；松开脚架的固定螺旋，升降架腿，使圆水准气泡居中；将管水准气泡（或操作面板）与任意两个脚螺旋平行，调节这两个脚螺旋，使管水准气泡居中；调节第三个脚螺旋使操作面板上电子气泡居中。反复对中、整平，使激光对准地面标志中心、电子汽泡居中。

③ 用小钢尺量取仪器高，小数点取至毫米位。

2）水平角测量

①旋转照准部，如图 2-19 所示，瞄准第一个目标 A，连续按 F4，按 F3（设 H_z），按

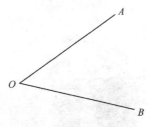

图 2-19　全站仪水平角测量

F3(置零)，按 F4(确定)，将水平角设定为零（相当于光学经纬仪配度盘，配置水平读数 $0°00'00''$）。也可以设置 $1°01'06''$（输入数字 1.0106），按键 ENT（确认）。读数记录至表格（表 2-17）。

水平角测量记录表　　　　　　　　　　　　　　　　　　　表 2-17

测站	盘位	目标	水平度盘读数 ° ′ ″	半测回角值 ° ′ ″	一测回平均值 ° ′ ″	各测回平均值 ° ′ ″

② 松开照准部和望远镜的制动螺旋，顺时针旋转照准部，瞄准第二个目标 B，读取水平角读数。

③ 松开照准部和望远镜的制动螺旋，倒转望远镜，逆时针方向旋转照准部，即盘右位置，瞄准目标 B，读取水平角读数。

④ 松开照准部和望远镜的制动螺旋，逆时针方向旋转照准部，瞄准目标 A，读取水平角读数。

3）距离测量

①目标设定，连续按 F4，屏幕显示：F1(测存)、F2(目标)、F3(EDM)、F4(↓)，按 F2（EDM），显示棱镜类型，调整棱镜模式：棱镜—免棱镜—反射片，按导航键，选择棱镜。

②转动照准部，瞄准目标 C 棱镜，按 F2（测距），启动光亮"●"闪烁；"●"停止闪烁，在屏幕上显示测得的水平距离。

③测量三次，并记录至表格（表 2-18），三次读数较差不超过 5mm。

距离测量记录表 表 2-18

测站	镜站	棱镜数	读数			平均长度
			1	2	3	

4）悬高测量

① 将仪器安置在地面测站点 A 上，棱镜架设在某物体的正下方 P_3 点，例如，雨篷下，并量取棱镜高。

② 按 ESC 键，返回主界面。

③ 按 MENU 键（菜单键），按 F1（程序），进入应用程序，按 PAGE（翻页键），进入程序第 2 页模式；按导航键，选择悬高测量，按 F3（或数字 7），进入悬高测量界面：F1（设置作业）、F2（设置测站）、F3（定向）、F4（开始）。

④ 按 F4（开始），进入"基点"界面，修改基点点号为"P_3"，按键 ENT（确认键），按导航键，光标下移，修改棱镜高 1.750m。

⑤ 转动照准部，瞄准棱镜，按 F1（测存），屏幕上显示 H：1.750m，即地面点 P_3 棱镜高 1.750m。

⑥ 抬高或降低望远镜，屏幕上 H 数值相应变化。慢慢抬高望远镜，瞄准目标点（例如，雨篷），显示结果 4.150m，即地面基点 P_3 到雨篷的垂直高度为 4.150m。数据记录至表格（表 2-19）。

悬高测量记录表 表 2-19

测站	目标	棱镜高（m）	目标悬高读数（m）			平均悬高（m）	备注
			1	2	3		
A	P_3	1.750	4.151	4.150	4.150	4.150	

2.6.5 注意事项

（1）任何情况下都不得照准太阳，以防损坏电子元器件。

（2）照准目标后，望远镜视场内不得有任何发光或反光物体，以免引起信号混乱。

（3）仪器和反光镜应有人守候，以防发生意外。

（4）旋转仪器或旋钮及按操作键时，动作要轻，用力不宜过大或过猛。

（5）当电池电量不足时，应立即结束操作，关闭电源后，方可更换电池；使用全站仪时，应严格按照操作规程，爱护仪器。

（6）在施测过程中，千万不能不关机拔下电池，否则，测量数据将会丢失。

2.7　实训项目 7　经纬仪碎部测量

2.7.1　实训目的和要求

（1）熟悉经纬仪配合量角器测绘法测图的原理与方法，测量专用量角器展绘点位的方法。

（2）熟悉记录计算碎部点观测数据的方法。

（3）熟悉选择碎部点立尺的方法。

2.7.2　实训任务

选择具有地物、地貌的典型地段作为实验场地，每组选定 A、B 两个控制点作为图根点，采用经纬仪配合量角器测绘法测图并绘制。

2.7.3　实训学时数与仪器及工具

（1）实训学时数为 3 学时，每小组 4~5 人。其中：观测 1 人，记录 1 人，计算 1 人，绘图 1 人，立尺 1 人，轮换操作。

（2）每组配备 DJ$_6$ 级光学经纬仪 1 台（含三脚架），视距尺 1 把，小钢尺 1 把，测量专用量角器 1 个，大头针 1 根，测图板 1 块，绘图纸 1 张，计算器 1 台，记录板 1 块，测伞 1 把，绘图工具 1 套，地形图图式 1 本。

2.7.4　实训内容与步骤

（1）图纸准备

测量绘图可以用聚酯薄膜、绘图纸或描图纸，坐标方格网可以打印，也可以用直尺自己绘制坐标方格网。坐标方格网应满足以下 3 项要求：

① 同一条对角线方向的方格角点应位于同一直线上，偏离不应大于 0.2mm。

② 各个的对角线长度，与理论值 141.4mm 之差不应超过 0.2mm。

③ 图廓对角线长度与理论值之差不应超过 0.3mm。

（2）展绘图根控制点

① 根据测图任务区域和图根导线布设情况，选定方格网西南角点的坐标，将坐标方格网的坐标标注到内外图廓线之间，并尽可能将建立的图根控制点全部展绘在图幅内。

② 以图根点的坐标，确定其所在小方格，以方格的西南角点及东南角点为起点，分别垂直向上量取纵向坐标增量，并在小方格的东西两条边线上截点；再以小方格的西南角点及西北角点为起点，水平向右量取横向坐标增量，并在小方格的南北两条边线上截点。

③ 以直线连接对应截点，两条相互垂直的直线交点即为要展绘图根点的位置。

④ 依据大比例尺地形图图式的规定，在图根点右侧，标注不埋设图根点的符号、名称及高程。

为了保证地形图的精度，测区内应有一定数目的图根控制点。《工程测量规范》规定，测区内解析图根点的个数，如表 2-20 所示。

一般地区解析点图根点的个数　　　　　　　　　　　表 2-20

测图比例尺	图幅尺寸 (cm×cm)	解析图根点/个数		
		全站仪测图	RTK 测图	平板测图
1∶500	50×50	2	1	8
1∶1000	50×50	3	1～2	12
1∶2000	50×50	4	2	15

（3）碎部测量

1）仪器安置与定向

如图 2-20 所示，在图根点 A 点上，安置经纬仪，对中、整平、量取仪器高（i）；盘左位置，使望远镜瞄准定向点 B，将水平度盘配置为 $0°00'00''$，即以 AB 方向作为水平角的起始方向（零方向）；瞄准图根点 C，读取水平度盘读数，该方向值即为 $\angle BAC$，用量角器在图纸上量取 $\angle BAC$，对两个角值进行对比，进行测站检核。

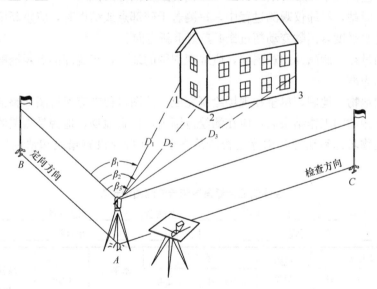

图 2-20　经纬仪配合量角器测绘法原理

2）用直尺和铅笔在绘图纸上，画出直线 AB，作为量角器的零方向线，用大头针将量角器中心钉在图纸上 A 点。

3）测图前，根据测站位置、地形情况和立尺的范围，大致安排好立尺路线，立尺顺序应连贯，以便防止遗漏和重复观测碎部点。

4）按商定路线，将标尺立于各碎部点上，观测记录上丝、下丝、中丝、竖直度盘和水平度盘读数（竖直度盘读数至°′和水平度盘读数至°′），计算碎部点的高程 H_1，测站到碎部点的水平距离 D_{A1}，并将水平角 β_1、水平距离 D_{A1}、碎部点的高程 H_1，报送给绘图员。

计算公式：$D_{A1} = kl\cos^2\alpha$，　　　$H_1 = H_A + D_{A1}\tan\alpha + i - v$

5）展绘碎部点。以图纸上 A、B 两点的连线为零方向线，转动量角器，使量角器上 β_1 角的分划值对准零方向线，在 β_1 角的方向上量取距离 D_{A1}（D_{A1} 表示的是图上距离），用铅笔点一个小圆点做标记，并在圆点右侧注记其高程值 H_1，高程注记至分米位，字头朝北，即得到碎部点的图上位置。

使用同样的方法，在图纸上展绘2、3碎部点，连接1～3点，通过推平行线，绘制出所测房屋。

当一个测站的工作完成后，应对照实地、仔细检查，有无遗漏、测错，并及时绘出地物，勾绘等高线。

经纬仪配合量角器测绘法，一般需要4～5人共同协作，其分工是：观测1人，记录或计算1人，绘图1人，立尺1人（表2-21）。

2.7.5　注意事项

（1）施测前，对竖盘指标差进行检测，要求不超过 $2'$。

（2）图根点展绘完毕后，应进行检查，图上相邻图根点之间的距离，与已知坐标反算距离相比较，差值应不大于图上 0.3mm，如果超过应重新展点。

（3）每一测站，经纬仪观测过程中，每测若干碎部点或结束时，应重新瞄准后视方向进行检查，若水平度盘读数变动超过 $\pm4'$，则重新定向。

（4）绘图员在一测站开始观测前，应巡视周围的地形，布置碎部点观测顺序，观测顺序应以便绘图为准。

（5）所测地物、地貌，尽量在现场绘制完成，绘图过程中应保持图面整洁。

（6）每一测站的工作结束后，应在测绘范围内，检查地物、地貌是否漏测、少测、重复测，各类地物名称和地理名称等是否清楚齐全，在确保没有错误和遗漏后，可迁至下一站。

经纬仪配合量角器测绘法测图记录表　　　　　　　　　表 2-21

日期：_____年___月___日　　班组_____　　观测者_____　　记录者_____

测站_____　　测站高程_____　　仪器高_____　　指标差_____

点号	尺上读数		视距间隔(m)	竖直角		水平角。′	水平距离(m)	高程(m)	备注
	中丝	上丝		竖盘读数。′	竖直角。′				
		下丝							

点号	尺上读数		视距间隔 (m)	竖直角		水平角 。′	水平距离 (m)	高程 (m)	备注
	中丝	上丝		竖盘读数 。′	竖直角 。′				
		下丝							

2.8　实训项目8　全站仪坐标数据采集

2.8.1　实训目的和要求

（1）进一步熟悉全站仪的功能与基本操作。

（2）掌握全站仪进行数据采集的作业方法及过程，熟悉绘制碎部点草图的方法。

（3）掌握地物和地貌特征点的选择方法。

2.8.2　实训任务

（1）选择具有地物、地貌的典型地段作为实训场地，每组选定 A、B 两个控制点作为图根点，测绘地形特征点的坐标和高程。

（2）练习在现场绘制草图。

35

2.8.3 实训学时数与仪器及工具

（1）实训学时数为3学时，每小组4～5人。

（2）全站仪1套（含三脚架），棱镜及对中杆1个，步话机1对，草图纸1张，记录板1块，测伞1把，地形图图式1本。

2.8.4 实训内容与步骤

7

全站仪数据采集

每组在指定的区域内进行地物和地貌数据的采集。《工程测量规范》GB 50026—2007规定，解析图根点的数量，一般地区不宜少于如表2-22所示的规定。全站仪测图的测距长度，不应超过如表2-23所示的规定。

一般地区解析图根点的数量 表2-22

测图比例尺	图幅尺寸 (cm)	解析图根点数量（个）		
		全站仪测图	GPS-RTK测图	平板测图
1∶500	50×50	2	1	8
1∶1000	50×50	3	1～2	12
1∶2000	50×50	4	2	15

注：表中所列数量，是指施测该幅图可利用的全部解析控制点数量。

全站仪测图的最大测距长度 表2-23

测图比例尺	最大测距长度（m）	
	地物点	地貌点
1∶500	160	300
1∶1000	300	500
1∶2000	450	700

（1）地物特征点的选择

地物特征点主要是地物轮廓的转折点，连接这些特征点，便得到与实地相似的地物形状。一般情况下，主要地物凹凸部分在图上大于0.4mm时，均应表示出来。

如测量房屋时，应选在角点，围墙、电力线的转折点，道路河岸线的转弯点、交叉点，电杆、独立树的中心等。测量电杆时，一定要注意电杆的类别和走向，成排的电杆不必每一个都测，但有转向的电杆要实测。测量道路，可测路的一边，量出宽度。

（2）地貌特征点的选择

地貌特征点应选在最能反映地貌特征的山顶、鞍部。山脊线、山谷线等地形上的地形变换处、山坡倾斜变换处和山脚地形变换的地方。

（3）高程注记点的分布

1）地形图上高程注记点应分布均匀，丘陵地区高程注记点间距宜符合如表2-24所示的规定。

2）山顶、鞍部、山脊、山脚、谷底、谷口、沟底、沟口、凹地、台地、河川湖地岸旁、水涯线上以及其他地面倾斜变换处，均应测高程注记点。

3）城市建筑区高程注记点应测设在街道中心线、街道交叉中心、建筑物墙基脚和相应的地面、管道检查井井口、桥面、广场、较大的庭院内或空地上以及其他地面倾斜变换处。

丘陵地区高程注记间距   表 2-24

比例尺	1∶500	1∶1000	1∶2000
高程注记点间距（m）	15	50	50

注：平坦及地形简单地区可放宽至 1.5 倍，地貌变化较大的丘陵、山地与高山地应适当加密。

4）基本等高距为 0.5m 时，高程注记点应注至厘米；基本等高距大于 0.5m 时可注至分米。

（4）中纬全站仪数据采集

1）创建工作文件

全站仪所采集的数据存储于当前工作文件中，因此，在采集数据前，除了要设置气温、气压、棱镜类型、棱镜常数、测量模式外，还必须建立工作文件。

全站仪放样点位

中纬全站仪创建工作文件的步骤：按 ESC，进入主菜单，显示主菜单功能屏幕：1 测量、2 程序、3 管理、4 传输、5 配置、6 工具；按数字 3，进入文件管理界面；按 F1，输入文件名，以日期命名，如"A0612"，并按 F4(确定)；这样就创建了一个新文件，新数据就存储在这个新文件中，如图 2-21～图 2-24 所示。

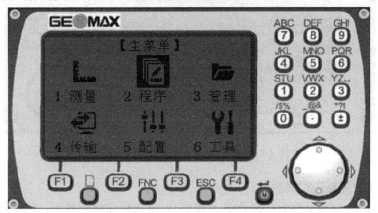

图 2-21 创建工作文件——主菜单

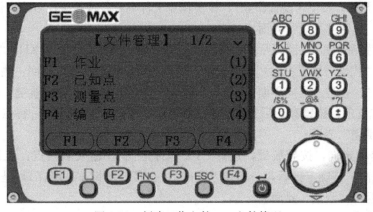

图 2-22 创建工作文件——文件管理

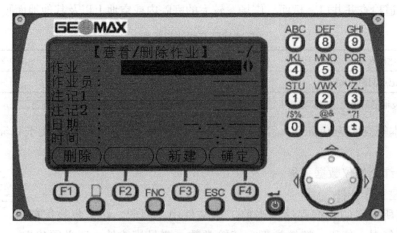

图 2-23　创建工作文件——查看作业

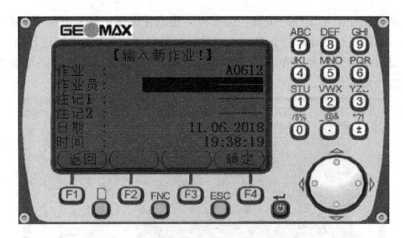

图 2-24　创建工作文件——输入文件名

2）碎部点坐标与高程测量

按 ESC，进入主菜单界面；按数字 2（程序），进入程序应用界面：F1 测量、F2 放样、F3 自由设站、F4COGO；按 F1（测量），进入"测量"界面：F1 设置作业、F2 设置测站、F3 定向、F4 开始；按 F1（设置作业），核实作业文件名称，或按 F1（新建）作业文件，并按 F4（确定），返回"测量"界面。

按 F2（设置测站），按照提示，按导航键，分别输入设站点"点名 ZH""X""Y""Z""IH 仪器高""代码（可以不输）"，按确定键，再按 F4（确定）后，返回"测量"界面。

按 F3（定向），进入定向界面：F1 人工输入、F2 坐标定向；按导航键，选择 F1 人工输入，输入方位角、棱镜高、后视点，按确定键后，一定要"瞄准后视点"，按 F1（测存），返回"测量"界面。

也可以坐标定向，按导航键，选择"F2 坐标定向"，输入后视点：点号、X，Y 和 H，以及棱镜高，按确定键后，一定要"瞄准后视点"，按键 F1（测存），是否多于观测？按 F1（否），返回"测量"界面。

按 F4（开始），进入测量主界面，修改"点号 P_1""棱镜高 1.500m"，按确定键；连续按 F4，屏幕显示：测存［F1］、编码［F2］、EDM［F3］、↓［F1］，按 F3（EDM），显示棱镜类型，调整棱镜模式：棱镜—免棱镜—反射片，按导航键，选择棱镜；按 F1（测存），仪器界面闪烁，点号自动更新为"P_2"。

重复上一个自然段的步骤，得到点"P_3""P_4""P_5"……等碎部点的坐标和高程。通过翻页键可以查询上述各点的坐标和高程。

3）全站仪与计算机的数据传输

每天野外数据采集后，应将全站仪工作文件内的数据传输至计算机，形成计算机数据文件。中纬全站仪数据传输方式有两种：RS232 串口和 USB 设备接口。

按 ESC，进入主菜单界面；按数字 4（传输），选择主菜单中的传输，选择数据输出，按确定键。如果输出到 USB 存储卡，则选择要存储的位置并按确定键。数据类型为 USB 存储卡上默认的文件夹。输入文件名并按确定或者发送，进行数据格式转换，将传输到计算机中的数据转换成内业处理软件 CASS 能够识别的格式（图 2-25～图 2-27、表 2-25）。

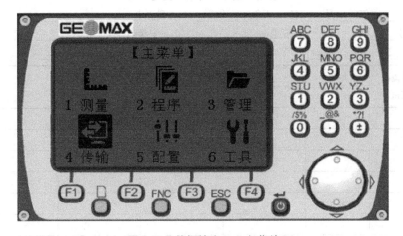

图 2-25　数据输出——主菜单

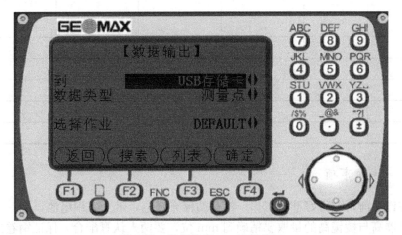

图 2-26　数据输出——选择接口

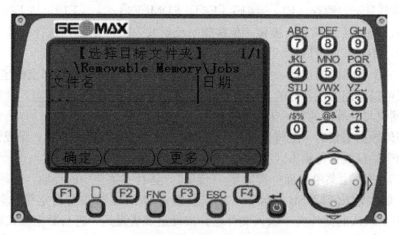

图 2-27 数据输出——选择文件名

全站仪坐标和高程测量记录表   表 2-25

日期_____年___月___日 天气_____ 观测者_____

仪器型号_____ 班组_____ 记录者_____

测站点____ X=_____ Y=_____ H=_____ 仪器高=_____

碎部点	棱镜高 (m)	编码	坐标 (m)		高程 (m)	备注
			X	Y	H	

2.8.5 注意事项

（1）在作业前，应做好准备工作，给全站仪充好电，带上备用电池。

（2）仪器高与棱镜高的量取要精确到 mm 位，要两人认真配合，保证钢卷尺垂直。

（3）控制点坐标和高程数据准备好后，可以提前输入全站仪文件里保存，在数据采集时可直接调用。

（4）核对点号，草图中的点号与全站仪测量的点号要完全一致，领图员与观测员应随时相互核对点号，当点号不对应时，就可以有效地将错误控制在最短的间隔时间内，以便及时更正，防止内业出错。

（5）在进行定向时，当输入定向点坐标或者方位角后，一定要通过测量后视点进行定向，确定方位角。

（6）测站检核，电子平板测图与传统白纸测图相比，在野外实时显示图形，便于发现错误，草图法实地记录数据，图形不可见，所以必须检核，以防出错，造成外业返工。

（7）草图的基本内容：

1）地物相对位置、地貌的地形线、点名、丈量距离记录、地理名称和说明注记等。在随测站记录时，应注记测站、后视、一测站碎部点点号范围、北方向、绘图时间、测量员及绘图员信息。

2）当遇到搬站时，尽量换张草图纸，不方便时，应记录本草图纸内哪些点隶属哪个测站。

3）草图纸应有固定格式，不应该随便画在任意纸张上；不要在一张草图上画足够多的内容，地物密集或复杂地物均可单独绘制一张草图，既清楚又简单。

2.9 实训项目9 CASS绘图软件基本功能及使用

2.9.1 实训目的和要求

（1）熟悉CASS绘图软件的基本功能。

（2）掌握CASS绘图软件绘制地形图的原理与方法。

2.9.2 实训任务

（1）练习用CASS进行地物绘制与编辑，练习用CASS进行图形编辑。

（2）练习用CASS建立数字地面模型（构建三角网）、绘制等高线。

（3）练习用CASS进行图幅整饰、图形分幅和输出等功能。

2.9.3 实训学时与仪器及工具

（1）实训学时数为2～3学时，每小组2～3人。

（2）每组配备计算机1台，CASS软件1套。

2.9.4 实训内容与步骤

（1）定显示区

进入CASS7.1后，移动鼠标至"绘图处理"项，按左键，出现下拉菜单，然后移动至"定显示区"项，使之以高亮显示，按左键，出现一个下拉对话窗。此时，需要输入坐标数据文件名，打开文件，命令区显示：

最小坐标(米)：X＝31056.221m Y＝53097.691m

最大坐标(米)：X＝31237.455m Y＝53286.090m

（2）选择测点点号定位成图

移动鼠标至屏幕右侧菜单区，选择"坐标定位/点号定位"，输入坐标数据文件名，命令区显示：读点完成！共读入 106 个点。

（3）展点

移动鼠标至屏幕的顶部菜单"绘图处理"项，按左键，弹出下拉菜单。选择"绘图处理"下的"展野外测点点号"项，按左键，选择比例尺，按回车，默认 1∶500；然后弹出输入对应的坐标数据文件名，屏幕上显示野外测点的点号。

（4）绘平面图

1）绘制"平行等外公路"

选择右侧屏幕菜单的"交通设施/公路"按钮，弹出如图 2-28 所示的界面。

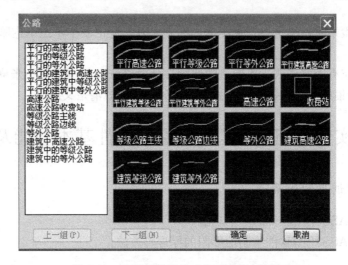

图 2-28　选择屏幕菜单"交通设施/公路"

找到"平行等外公路"并选中，再点击"OK"，命令区提示：

绘图比例尺 1：输入 500，回车。

点 P/<点号>输入 92，回车。

点 P/<点号>输入 45，回车。

点 P/<点号>输入 46，回车。

点 P/<点号>输入 13，回车。

点 P/<点号>输入 47，回车。

点 P/<点号>输入 48，回车。

点 P/<点号>回车。

拟合线<N>? 输入 Y，回车。

说明：输入 Y，将该边拟合成光滑曲线；输入 N(缺省为 N)，则不拟合该线。

1. 边点式/2. 边宽式<1>：回车(默认 1)

说明：选 1(缺省为 1)，将要求输入公路对边上的一个测点；选 2，要求输入公路宽度。

对面一点

点 P/<点号>输入 19，回车。

这时平行等外公路就做好了，如图 2-29 所示。

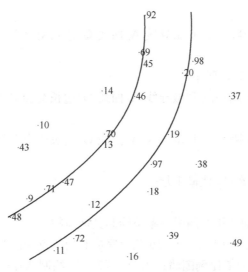

图 2-29　做好一条平行等外公路

2）绘制多点房屋

选择右侧屏幕菜单的"居民地/一般房屋"选项，弹出如图 2-30 界面。

图 2-30　选择屏幕菜单"居民地/一般房屋"

先用鼠标左键选择"多点混凝土房屋"，再点击"OK"按钮。命令区提示：

第一点：

点 P/<点号>输入 49，回车。

指定点：

点 P/<点号>输入 50，回车。

闭合 C/隔一闭合 G/隔一点 J/微导线 A/曲线 Q/边长交会 B/回退 U/点 P/<点号>输入 51，回车。

闭合 C/隔一闭合 G/隔一点 J/微导线 A/曲线 Q/边长交会 B/回退 U/点 P/<点号>输入 J，回车。

点 P/<点号>输入 52，回车。

闭合 C/隔一闭合 G/隔一点 J/微导线 A/曲线 Q/边长交会 B/回退 U/点 P/<点号>输入 53，回车。

闭合 C/隔一闭合 G/隔一点 J/微导线 A/曲线 Q/边长交会 B/回退 U/点 P/<点号>输入 C，回车。

输入层数：<1>回车（默认输 1 层）。

3）其他地物

类似以上操作，分别利用右侧屏幕菜单绘制其他地物。

在"居民地"菜单中，用 3、39、16 三点完成利用三点绘制 2 层砖结构的四点房；用 68、67、66 绘制不拟合的依比例围墙；用 76、77、78 绘制四点棚房。

在"交通设施"菜单中，用 86、87、88、89、90、91 绘制拟合的小路；用 103、104、105、106 绘制拟合的不依比例乡村路。

在"地貌土质"菜单中，用 54、55、56、57 绘制拟合的坎高为 1m 的陡坎；用 93、94、95、96 绘制不拟合的坎高为 1m 的加固陡坎。

在"独立地物"菜单中，用 69、70、71、72、97、98 分别绘制路灯；用 73、74 绘制宣传橱窗。

在"控制点"菜单中，用 A、B、C 分别生成埋石图根点，在提问"等级—点名"时分别输入 DA、DB、DC。

最后选取"编辑"菜单下的"删除"二级菜单下的"删除实体所在图层"，鼠标符号变成了一个小方框，用左键点取任何一个点号的数字注记，所展点的注记将被删除。

（5）绘等高线

① 展高程点：用鼠标左键点取"绘图处理"菜单下的"展高程点"，将会弹出数据文件的对话框，找到坐标数据文件，选择"确定"，命令区提示：注记高程点的距离（米）：直接回车，表示不对高程点注记进行取舍，全部展点出来。

② 建立 DTM 模型：用鼠标左键点取"等高线"菜单下"建立 DTM"，弹出如图 2-31 所示的对话框。

根据需要选择建立 DTM 的方式和坐标数据文件名，然后选择建模过程是否考虑陡坎和地形线，选择"确定"，生成如图 2-32 所示的 DTM 模型。

③ 绘制等高线：用鼠标左键点取"等高线/绘制等高线"，弹出如图 2-33 所示对话框。

输入等高距后选择拟合方式，点"确定"。则系统马上绘制出等高线。再选择"等高线"菜单下的"删三角网"，这时屏幕显示如图 2-34 所示。

等高线的修剪。利用"等高线"菜单下的"等高线修剪"二级菜单，如图 2-35 所示。

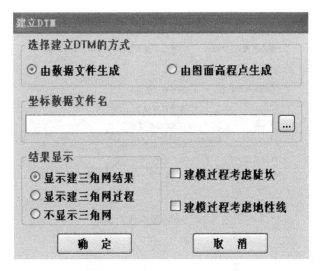

图 2-31　建立 DTM 对话框

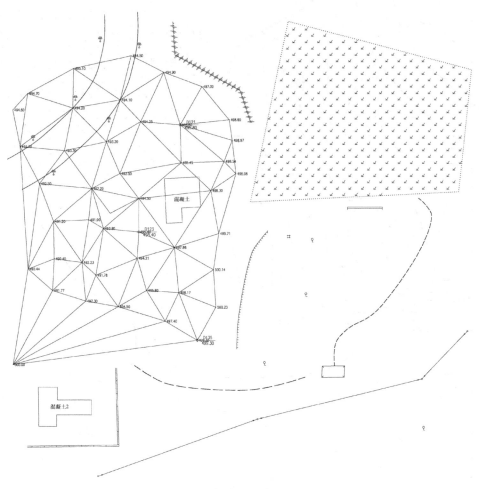

图 2-32　建立 DTM 模型

图 2-33　绘制等高线对话框

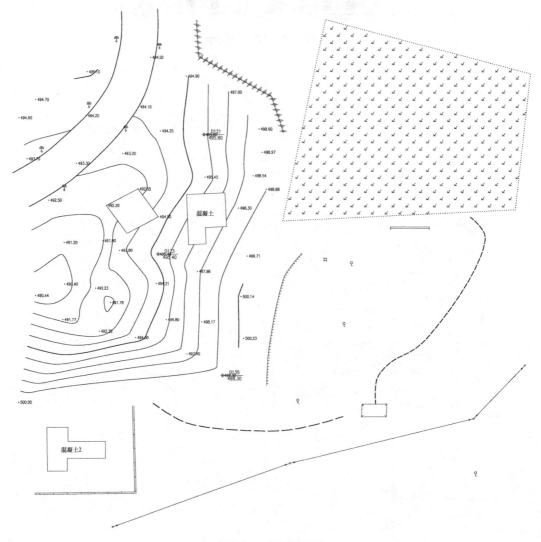

图 2-34　绘制等高线

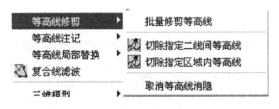

图 2-35 "等高线修剪"菜单

用鼠标左键点取"切除穿建筑物等高线",软件将自动搜寻穿过建筑物的等高线并将其进行整饰。点取"切除指定二线间等高线",依提示依次用鼠标左键选取左上角的道路两边,CASS7.0 将自动切除等高线穿过道路的部分。点取"切除穿高程注记等高线",CASS7.0 将自动搜寻,把等高线穿过注记的部分切除。

(6)加注记。

在平行等外公路上加"经纬路"三个字。用鼠标左键点取右侧屏幕菜单的"文字注记信息"项,弹出如图 2-36 所示的界面。

首先在需要添加文字注记的位置绘制一条拟合的多功能复合线,然后在注记内容中输入"经纬路"并选择注记排列和注记类型,输入文字大小确定后选择绘制的拟合的多功能复合线即可完成注记。

(7)加图框。

用鼠标左键点击"绘图处理"菜单下的"标准图幅(50×40)",弹出如图 2-37 所示的界面。

图 2-36 弹出文字注记信息对话框   图 2-37 输入图幅信息

在"图名"栏里,输入"建设新村";在"测量员""绘图员""检查员"各栏里分别输入"张三""李四""王五";在"左下角坐标"的"东""北"栏内分别输入"53073""31050";在"删除图框外实体"栏前打勾,然后按确认。这样,这幅图就做好了,如

图 2-38所示。

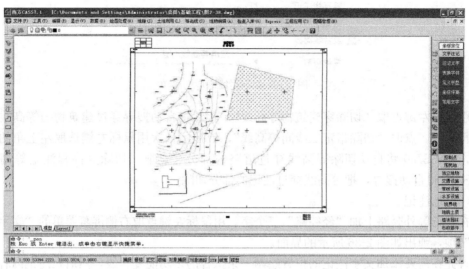

图 2-38　加图框

2.10　实训项目10　RTK 接收机的认识与使用

2.10.1　实训目的与要求

(1) 了解 RTK 接收机的基本结构与性能、工作原理。
(2) 掌握用三点校正的方法、求转换参数，并检查参数的准确度。
(3) 掌握 RTK 接收机的基本操作方法，测量坐标、高程和坐标放样的方法。

2.10.2　实训任务

(1) 认识基准站、移动站和电子手薄的部件名称和作用。
(2) 练习电子手薄的操作方法与具体使用功能。
(3) 练习 RTK 接收机的参数求解、坐标测量、高程测量和数据传输等。

2.10.3　实训学时数与仪器及工具

(1) 实训学时数为 3 学时，每小组 4～5 人。
(2) 每组配备 RTK 主机 1 台，电子手薄 1 个，对中杆 1 根，数据电缆 1 根。

2.10.4　实训内容与步骤

(1) RTK 工作原理

RTK（Real-time kinematic，实时动态）是卫星定位测量的实时动态定位技术，采用载波相位差分技术，将基准站接收到的卫星信号，通过无线通信网（如电台或 4G 网络）实时发送给移动站，移动站将自己接收到的卫星信号和收到基准站的信号，做实时联合解算，进行求差解算坐标。

按照基准站和移动站之间传输数据的方式不同，RTK又分为电台式和网络式。本实训以"1+1"内置电台式为例，分析RTK的使用方法。

（2）设置基准站

1）安装架设基准站（内置电台模式）

把三脚架架设在已知点或未知点上，电台棒状天线安装在主机上，将基准站接收机安装在三脚架的30cm加长杆上，或安装在三脚架的基座上；已知点架站时，需要额外选购基座进行对中整平，最后按主机电源键开机。基站内置电台模式架设，如图2-39所示。

2）基准站连接

手簿开机后，点击"测地通"，进入工作主界面，分为4个页面：项目、测量、配置、工具，如图2-40所示。

① 基准站连接

进入"配置→连接"，如图2-41所示，连接方式：WiFi和蓝牙两种；连接热点：输入接收机机身号，密码：12345678；下次自动连接：是；其他，设置为默认，点击"连接"，提示连接成功。

RTK-WIFI连接

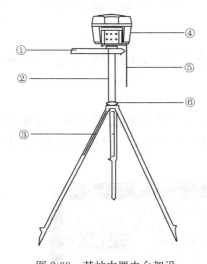

图 2-39　基站内置电台架设

①—辅助量高器（使用手动启动基准站工作模式时取天线高）；②—30cm加长杆；③—脚架；④—主机；⑤—棒状天线（使用内置电台作业模式时，基准站、移动站都必须接棒状天线，网络模式不需要）；⑥—铝盘

图 2-40　主界面

② 基准站工作模式

进入"配置→工作模式→新建"，如图2-42所示，工作方式：自启动基准站；数据链：内置电台；发射功率：2W；信道：3（与移动站的信道一致）；其他，设置为默认；点击"保存"，提示"请给新模式命名"，输入：内置电台基准站，提示"基站设置成功"，点击：确定。

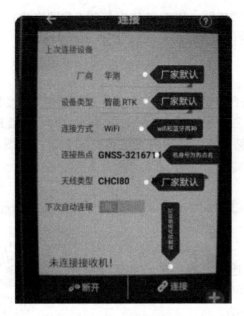

图 2-41　基准站连接

图 2-42　基准站工作模式

（3）设置移动站

把手簿托架，安装在伸缩对中杆上，手簿固定在手簿托架上，接收机固定在伸缩对中杆上，按主机电源键开机，如图 2-43 所示。

1）连接移动站

进入"配置→连接"，如图 2-44 所示，连接方式：WiFi 和蓝牙两种（与基准站一致）；连接热点：输入接收机机身号；下次自动连接：是；其他，设置为默认，点击"连接"，提示连接成功。

图 2-43　移动站接收机与手簿

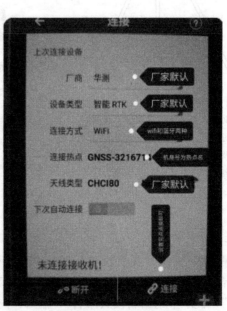

图 2-44　移动站连接

2）移动站工作模式

进入"配置→工作模式→新建"，如图 2-45 所示，工作方式：自启动移动站；数据接收方式：电台；信道：3（与基站的信道一致）；其他，设置为默认；点击"保存"，提示"请给新模式命名"，输入：内置电台移动站，提示"移动站设置成功"，点击：确定；点击，接受。

RTK-内置电台
1+1设置

（4）新建工程

进入"项目→工程管理"，点击新建，弹出新建工程对话框，如图 2-46所示。

"工程名"输入工程名称，如"20190513"；"作者"输入操作员的姓名；"日期"默认是当地时间；"时区"是指当地时间和 GPS 时间相差的时区，可以在下拉列表中选择－12 时区到＋14 时区。

RTK-新建工程

"套用工程"：选中套用工程后，会弹出一个历史工程列表，可选中其中一个工程，点击【确定】，即可完成套用工程，套用工程的目的是为了套用工程中的坐标系及转换参数，这样在多个工地来回作业时，参数选取变得更加简单直观。

操作如下：第一天有任务 A，做过点校正，第二天新建任务时想继续使用这个校正参数，在工程管理输入新建工程名称，选中"套用工程"，选择"A"即可完成新建任务并套用参数功能❶。

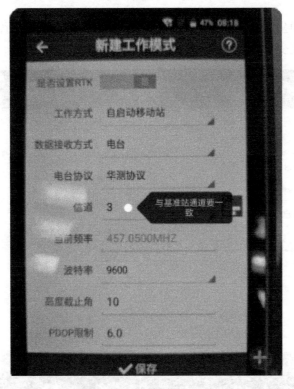

图 2-45　移动站工作模式

---

❶　新建任务若不套用工程，默认无转换参数。

图 2-46　套用工程

　　"坐标系"：选中坐标系后，会弹出坐标系管理界面，选择工程所需的坐标系和对应的椭球名称，点击"接受"即可。如图 2-47 所示。

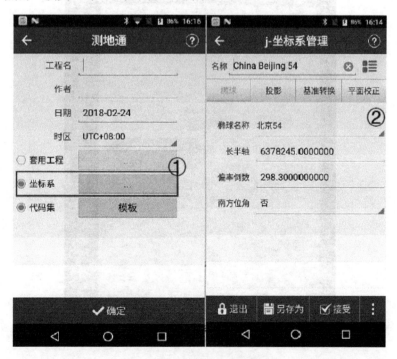

图 2-47　选择坐标系

　　"代码集"：选中代码集之后，会弹出代码集界面，如图 2-48 所示。

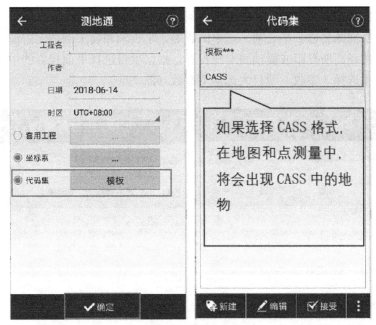

图 2-48　选择代码集

　　选择：CASS，点击【接受】完成代码集的选择之后将返回上一界面，此时说明已完成代码集的选择和新建。点击【确定】，即完成了工程的新建。

　　无论在何种作业模式下工作，都必须首先新建一个工程，以便对数据进行管理。

　　（5）坐标系参数设置

　　进入"项目→坐标系参数"，如图 2-49 所示，坐标系参数中包含：椭球、投影、基准转换、平面校正、高程拟合、校正参数。

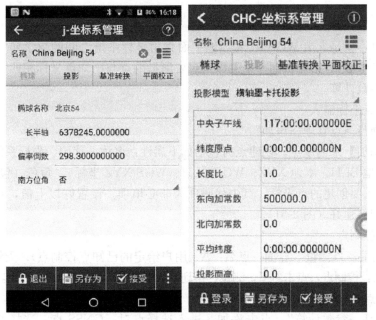

图 2-49　坐标系参数

坐标系名称是定义所需坐标系统名称，例如，China Beijing54 或 China CGCS2000。

椭球：包括椭球名称、半长轴、扁率倒数等，半长轴和扁率倒数无需设置，为默认值即可。投影：选择高斯投影或横轴墨卡托投影，根据项目选择平面投影的中央子午线。基准转换：项目小选择 3 参数，项目大选择 7 参数（图 2-50）。

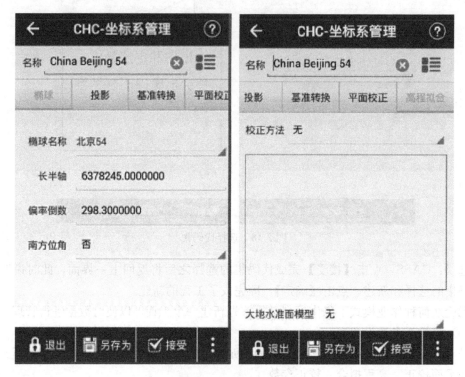

图 2-50　椭球参数

（6）参数计算与基站平移

参数计算，就是求出 WGS-84 和当地平面直角坐标系统之间的数学转换关系（转换参数）。第一次到一个测区，想要测量的点与已知点坐标相匹配，需要做参数计算。

1）已知点坐标输入

进入"项目→点管理→添加"。

点击【添加】来创建点。创建点时包括如下属性：名称、代码、坐标系统（包括：本地 NEH、本地 BLH、本地 XYZ、WGS BLH、WGS XYZ 坐标）、角色（包括：普通点、控制点），输入要创建的点坐标，其中代码项为非必填项。设置好以上值，点击【确定】，一个点坐标即可建好（图 2-51）。

2）测量控制点

进入"测量→点测量"界面，点名：A（用户给定的已知点控制点）；天线：输入垂高 2.000m；方法：控制点，点击右下，测量，得到控制点的坐标和高程，至少采集三个已知点。

3）选择点对

进入"工具→参数计算"，点击添加。进入选择点对，GNSS 点：选择 6.2 测量的控

图 2-51　坐标输入

制点坐标（NEH），已知点：选择输入的平面坐标（NEH）。如果已知点平面和高程都用，校正方法：选择"水平＋垂直校正"，如果仅用平面坐标，选择"水平校正"，如果仅用高程坐标，选择"垂直校正"，高程拟合方法：默认为固定差，点对最好在 3 对点以上。

4）参数计算

进入"工具→参数计算"界面，计算类型：选择三参数或七参数，点击计算，点击"计算"，如果残差较小，说明校正合格，软件提示"平面校正成功、高程拟合成功"，点击"应用"，在弹出的提示"是否替换工程当前工程参数"中，选择"是"。

基站平移，是在同一个测区，基站重新开关机（使用自启动基准站，如果是已知点启用基站则不需要做重设当地坐标）后，不用再次做点校正并且能使用之前点校正的参数。

方法：移动站固定后找一个已知点（可以是测量点）测量，测量完成后发现和已知坐标不一样，这时候进入"测量→基站平移"，GNSS 点：选择刚测的点 1，已知点：选择这个点 K1 的已知坐标，然后点击"确定"，在弹出的提示中选择"是"（图 2-52）。

（7）点测量

进入"测量—点测量（或图形作业）"，如图 2-53 所示，点测量与图形作业最大的区别是，是否可以显示图形，点名：输入碎部点 4；天线：选择垂高，即杆高 2.222；方法：选择地形点；本地：选择本地 NEH；单击右下角"测量"按钮完成目标点的测量及成果保存。

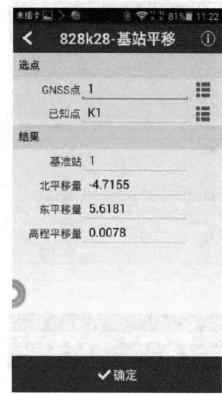

图 2-52 基站平移

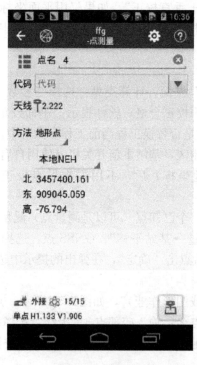

图 2-53 点测量

（8）数据导出

进入"项目—导出"，如图 2-54 所示，导出的点类型：可选"测量点、输入点、基站点"；时间：选择导出某时间段内的点；选择导出点坐标类型：平面（NEH 形式）或经纬度；文件类型：txt、csv 类型的文件格式等；文件名：输入导出坐标文件的名称；选择导出的目录，选择导出即可。

图 2-54　数据导出

2.10.5　注意事项

（1）基准站应架设在地势较高、视野开阔的地方，避免高压线、变压器等强磁场，以利于 UHF 无线信号的传输和卫星信号的接收，网络模式还需要注意架设点的运营商网络覆盖情况。

（2）电台模式，若移动站距离较远，还需要增设电台天线加长杆。

（3）基准站若是架设在已知点上，要做严格的对中整平。

（4）电台工作时，要确保接外接天线，否则长时间工作会导致发送信号被电台自身吸收进而烧坏电台。

（5）采用基站内置电台模式作业时，基站、移动站都必须接棒状天线。如果需要非常精确的测量，建议使用三脚架架设移动站。

第3章　工程测量综合实训

3.1　工程测量综合实习任务书

根据教学计划安排，土木工程学院各专业在完成《土木工程测量》课程的课堂教学任务后，进行为期2周的测量综合教学实习环节，是各项课间单项实训后的综合应用，也是加深、巩固课堂所学知识的重要的实践性教学。

这次实习，将最大限度地模拟生产实践，完全执行现行的国家测量规范。通过此次实习，加深学生对书本知识的进一步理解、掌握及综合应用，使学生理论与实践相结合，培养学生独立工作，综合分析问题、解决问题、组织管理和团队合作等能力的重要教学环节，也是一次具体、生动、全面的技术实践活动。

本次实习是教学实习，如果可能，也可组织学生在符合教学大纲要求的基础上结合测绘生产任务进行实习。

1. 实习目的

通过测量综合实习，能使学生了解地形测图的技术设计，测绘工作的实践过程，系统地掌握测绘仪器（如全站型电子速测仪、GNSS-RTK、DS_3 水准仪和 DJ_6 经纬仪以及罗盘仪）操作使用、外业记录计算、内业数据处理、地形图测绘全过程、施工放样等基本技能，培养学生动手能力及发现问题、解决问题的能力，为以后应用测绘知识解决工程建设中有关问题打下基础。主要目的如下：

（1）巩固课堂所学知识，加深对土木工程测量基本理论和基础知识的理解，能够利用相关理论指导工程实践，做到理论与实践相统一，提高学生分析问题、解决问题的能力，对土木工程测量的基本内容进行一次实际的应用，使所学知识进一步理解和深化。

（2）对学生进行土木工程测量外业作业的基本技能的训练。通过实习，熟悉并掌握地形测图的全过程，包括技术设计（课程设计）、选点标志、外业观测、数据检核与平差计算，编写技术总结（实习报告）等。

（3）通过完成测量综合实习任务的训练，提高学生独立从事测绘工作的计划、组织、管理与团队合作等能力，培养学生良好的专业品质和职业道德，达到培养和提高综合素质的目的。

（4）通过学习，学会理解、解读和应用测量规范。

通过实践教学，达到以下教学目标：

教学目标1：基于水准测量、角度测量、导线布设、地形图测绘原理和知识、施工放样，加深对土木工程测量相关知识的理解，熟悉测量仪器常用操作方法和工具使用方法，能开发、选择和使用与土木工程测量相关的制图、计算、分析等方面的技术和工具。

教学目标2：通过导线的布设、水平角观测、距离观测、四等水准测量、地形图的识读、绘制和应用、施工放样等系统的与建设工程相关的工程实习经历，熟悉建设工程相关的技术标准，形成全面综合分析、思考和解决实际工程问题的能力。

教学目标3：培养理论联系实际，勤奋实干的工作作风以及团队合作精神，为以后在解决建设工程的复杂工程问题时，能够在多学科组成的团队中承担个体、团队成员或负责人的角色打下坚实基础。

2. 实习计划

综合实习时间为2周，实习地点由实习指导教师指定。时间安排与具体任务如表3-1所示。

综合实习计划安排表　　　　　　　　　　　　　　　　　　　　表3-1

实习内容	时间安排	任务与要求
实习动员、借领仪器、踏勘测区	0.5 天	做好测量实习前的准备工作
图根导线外业	2.5	选点、编号、测角、量边
图根高程控制	0.5	按四等水准测量要求观测
图根控制内业计算	0.5	计算图根点平面坐标（x，y）和高程（H）
绘制坐标方格网、展绘控制点	0.5	图幅大小 40cm×50cm 或 40cm×40cm 小组成员间互检
碎部测图	4.0	测绘地形特征点坐标和高程 绘制地形图
地形图检查、清绘、整饰	0.5	执行地形图图式规范
仪器操作考试	0.5	经纬仪测回法观测水平角1测回
提交成果、归还仪器	0.5	成果符合规范和规定要求 仪器工具完好齐全、无遗失
合计	10 天	

注：第1周周四完成图根控制（包括内、外业），星期五开始碎部测量，第2周周五上午仪器操作考试，下午还仪器。

3. 实习组织

（1）实习动员

由学院领导或指导教师就本次实习的重要性和必要性进行说明，同时，划分实习场地，布置实习任务，说明仪器工具借领办法和归还时间、损坏仪器赔偿规定，强调实习纪律和作息时间，实习中注意事项，以保证实习顺利进行。

（2）实习分组

实习期间的组织工作由实习指导教师全面负债。具体实习任务以班级为单位，分小组进行，每个小组由4~5人组成，设小组长1名，负责组织本小组成员认真学习领会实习指导书，贯彻执行指导教师各项要求，带领全组成员顺利完成实习任务，并做好测量实习人员安排与协调、仪器使用与保管、数据采集与整理、实习进度和质量控制、仪器归还、提交成果等，并保持与指导教师的顺利沟通。

（3）配备仪器和工具

每组小组配备全站仪或经纬仪1台、水准仪1台、皮尺1把、水准尺2根、测钎2根、量角器1把、工具背包1个；每个班配罗盘仪1台、地形图图式1本；各个小组自备计算器和铅笔等。

4. 实习任务

1）建立图根控制网，包括平面控制网和高程控制网。

2）图根平面控制网，由8～9个图根点组成的闭合导线，给定一个已知的坐标，罗盘仪实测磁方位角，然后换算成坐标方位角。

3）图根高程控制网，按四等水准测量要求执行，由给定的已知高程点出发，按闭合水准路线进行施测。

4）对所有实习采集的数据做必要的检核及相关计算。

5）碎部点测量，采用经纬仪按照视距测量的方法，测定地形特征点的水平距离、水平角和高程，并展绘碎部点；或采用全站仪按极坐标法，测定地形特征点的坐标和高程，利用CASS软件绘制地形图。

6）提交测量实习成果（一张铅笔地形图和一张着墨地形图），撰写实习报告（技术总结报告）。

5. 实习提交成果

1）个人小结及实习报告。

2）图根平面控制网和高程控制网略图。

3）图根闭合导线测量外业观测记录、坐标计算表。

4）四等水准测量外业观测记录、高程计算表。

5）1：500地形图铅笔原图和着墨地形图各1幅（比例尺为1：500，图幅大小为40cm×50cm或40cm×40cm，图纸大小55cm×65cm或55cm×55cm）。

6）碎部测量记录计算表。

6. 注意事项

1）测量实习的各项工作以实习小组为单位，组长认真负责、合理安排协调，小组成员之间密切配合，团结协作，发扬团队精神，以便顺利完成实习任务，达到实习的目的与要求。

2）注意安全，包括人员安全和仪器安全。实习人员要穿上专门的黄马甲，架设仪器旁必须有人看管，注意仪器周围行人和过往车辆，尽量不影响交通，也不受交通干扰，各小组指定专人妥善保管仪器。

3）严格遵守实习纪律，不得无故缺勤，指导教师不定时考勤。

4）严格执行测量实训的基本要求、有关规定和测量规范。各小组的原始记录在实习期间，应妥善保存；每项工作观测完成后，应及时整理、计算；原始数据不得涂改、伪造，超出限差应及时返工重测。

5）测量实习时，所用仪器工具较多，每天出测时要根据需要带齐，并检查其性能，有问题应及时向指导教师报告；每天收工时应清点，不要遗失，保证仪器完好无损。

6）夏季实习，可早出、晚归，中午天气炎热可多休息；冬季实习，注意保暖防寒。

3.2 工程测量综合实习指导书

1. 技术要求

大比例尺地形图测绘包括：在测区布设图根平面和高程控制网，测定图根控制点坐标和高程；碎部测量，测定地形特征点，依据测图比例尺和地形图图式规定符号绘制地形图，检查、清绘、整饰地形图。图幅大小为 40cm×50cm 或 40cm×40cm，实地测图面积为 200m×250m 或 200m×200m。

本次实习，参考并执行国家测量规范：《工程测量规范》GB 50026—2007、《地形图图式》GB/T 20257.1—2007。

(1) 图根导线测量

1) 踏勘选点及建立标志

根据测区的实际情况，平面控制网可布设成导线、三角网（锁）、小三角网等。本实习图根控制测量，按闭合导线的要求布网、野外外业观测和内业计算。

每组在指定的测区进行踏勘，了解是否有已知等级控制点，熟悉测区施测条件，并根据测区范围和测图要求确定布网方案进行选点，并注意以下几点。

① 相邻导线点通视良好、便于测角和量边。

② 各个组在同一位置，应有一定距离，便于安置仪器。

③ 相邻导线边距离大致相等，尽量不要使其长短相差悬殊。

④ 导线点位上视野开阔，在该点上看到的地物和地貌较多。

⑤ 导线点的个数不超过 10 个。

⑥ 导线点的编号按 101、102……201、202……301、302……进行编写。

点位确定之后，即打下木桩，桩顶钉上小钉作为标志。如点位选在水泥地上，可用红油漆在地上划"⊙"作为标志。

2) 水平角观测

导线的转折角用经纬仪测回法观测一测回。一般观测导线的内角，为便于内业计算，防止混淆出错，应避免左、右角混测。

盘左、盘右两个半测回的水平角之差应小于 ±40″，导线角度闭合差的限差为，$f_{\beta容}$ = ±60″$\sqrt{n}$，n 为导线角个数。

3) 边长测量

导线的边长可用钢尺或电磁波测距仪来施测。用钢尺丈量时，按钢尺量距一般方法进行往返丈量，往返测较差的相对误差应小于 1/3000。

本次实习采用全站仪测距，要求三次读数，读数较差在 3～5mm 以内。

4) 连接测量

导线应与高级控制点连测，以取得坐标和方位角的起算数据。

当测区内无已知点时，应尽可能找到测区外的已知控制点，并与本测区所设图根控制点进行连测，这样可使各组所设控制网纳入统一的坐标系统。当测区内及附近无高级控制点时，闭合导线作为独立平面控制网。

本次实习，各小组假定图根控制网中 1 号点的坐标为 x_1 = 500.000m，y_1 = 500.000m，

高程 $H_1 = 100m$，取导线边 12 坐标方位角作为起始坐标方位角，用罗盘仪测定；或 GNSS-RTK 实测数据作为起始点坐标和高程。

5) 内业计算

导线测量内业计算的目的是计算各导线点的平面坐标。在计算之前，应全面检查外业观测记录成果，符合要求后，在导线略图上注明已知数据及实测的边长、转折角、连接角等观测数据，然后进行导线的坐标计算。

导线的内业计算在规定的表格中进行，计算时，图根导线的角度值及方位角值通常取至整秒数；边长及坐标值通常取至毫米位。导线坐标计算按如下步骤进行：

① 角度闭合差的计算与调整

计算角度闭合差 f_β，$\sum \beta_{理} = (n-2) \cdot 180°$，当 $f_\beta \leqslant f_{\beta容}$ 时，可进行角度闭合差的调整。角度闭合差调整的方法是：反符号按角度个数平均分配，即 $V_\beta = \dfrac{-f_\beta}{n}$，取整数秒。

② 导线边方位角的推算

根据罗盘仪所测导线 12 边磁方位角，当做起始坐标方位角，或用 GNSS-RTK 测定的坐标数据反算起始边坐标方位角，利用改正后的角值，推算出其他各边的方位角。

$$\begin{cases} \alpha_{前} = \alpha_{后} + \hat{\beta}_{左} - 180° \\ \alpha_{前} = \alpha_{后} - \hat{\beta}_{右} + 180° \end{cases}$$

③ 坐标增量计算

纵坐标增量 Δx、横坐标增量 Δy 分别为：$\Delta x_{12} = D_{12} \cdot \cos\alpha_{12}$，$\Delta y_{12} = D_{12} \cdot \sin\alpha_{12}$。

④ 坐标增量闭合差的计算与调整

导线坐标增量闭合差 f_x 和 f_y，$f_x = \sum \Delta x_{测}$，$f_y = \sum \Delta y_{测}$，然后计算导线全长闭合差 f，$f = \sqrt{f_x^2 + f_y^2}$，再计算导线相对闭合差 K，$K = \dfrac{f}{\sum D} = \dfrac{1}{\sum D/f}$。

图根导线容许的相对闭合差为 1/3000。如果 $K \leqslant K_{容}$，说明满足精度要求，则可进行坐标增量闭合差的调整。坐标增量闭合差的调整方法是：反符号按边长成正比例分配

$$V_{xi} = -\dfrac{f_x}{\sum D} D_i \qquad V_{yi} = -\dfrac{f_y}{\sum D} D_i$$

⑤ 导线点坐标计算

根据起始点坐标和改正后的坐标增量，按下式依次推算各点坐标。$x_i = x_{i-1} + \Delta x_{i-1,i}$，$y_i = y_{i-1} + \Delta y_{i-1,i}$。

(2) 图根高程控制测量

图根点的高程，按四等水准测量要求施测，每站观测技术要求如表 3-2 所示。

四等水准测量的测站技术要求 表 3-2

等级	视线长度 (m)	前后视距差 (m)	前后视距累积差 (m)	红黑面 读数差 (mm)	红黑面所测 高差之差 (mm)
四等	≤80	≤5	≤10	≤3	≤5

1) 观测

根据踏勘选点确定的导线网，以 1 点为起始点 $H_1 = 100m$，观测各图根点之间的高

差，然后计算各点高程。每站观测顺序为：后—后—前—前，照准后视标尺黑面，读取上、下、中丝读数，照准后视标尺红面，读取中丝读数；照准前视标尺黑面，读取上、下、中丝读数，照准前视标尺红面，读取中丝读数。各项限差满足如表 3-2 所示的要求

2）高程计算

先计算高差闭合差 f_h，$f_h = \sum h$，如 $f_h \leqslant f_{h容}$，$f_{h容} = \pm 20\sqrt{L}$ mm，其中 L 为路线长度，以千米计，则说明成果合格，可进行高差闭合差的调整。

高差闭合差的调整方法是：反符号按路线长度比例分配，$V_i = -\dfrac{f_h}{\sum L} L_i$；高差闭合差调整后，可算出各控制点的高程 $H_2 = H_1 + h_{12}\cdots\cdots$。

（3）测图前的准备

1）绘制坐标格网

用直尺对角线法绘制 40cm×50cm 或 40cm×40cm 坐标方格网，坐标格网线粗应不超过 0.15mm；也可以用电脑打印机打印，但一定要检核，满足要求。

2）展绘控制点

坐标格网画好后，根据分幅及编号，在图上注明格网线的坐标，然后根据控制点的坐标值把控制点展绘到图上。

在独立测区假定起始点坐标时，应设计好格网线的坐标值，使控制网位于坐标格网的中部，这样使控制点均匀分布测区，便于碎部测量。控制点展好后，还应注上点号和高程。按地形图图式要求，在点的右侧画一细短线，上方标注点号，下方注写高程见表 3-3。

一般地区解析点图根点的个数　　　　　　　　　　表 3-3

测图比例尺	图幅尺寸 (cm×cm)	解析图根点/个数		
		全站仪测图	RTK 测图	平板测图
1:500	50×50	2	1	8
1:1000	50×50	3	1~2	12
1:2000	50×50	4	2	15

3）检核

坐标方格网、控制点展绘完毕，同小组其他同学一定要检查有无差错及是否满足要求，并用比例尺在图上量取相邻控制点间的距离，与已知距离相比其差值不应超过图上 0.3mm。

坐标格网线粗应不超过 0.15mm；方格边长与理论长度（10cm）之差不应超过 0.2mm；图廓边长及对角线与理论长度之差不应超过 0.3mm；纵横格网线严格正交，同一条对角线上各方格顶点应位于一直线上，其偏离值不超过 0.2mm。

（4）碎部测量

1）测图方法

碎部测量，可采用经纬仪配合量角器测绘和全站仪数字测图。

经纬仪配合量角器测绘法，参考第 2 章实训项目 7。根据实测数据视距读数 l、仪器高 i、目标高 v 和竖直角 α，利用公式计算：测站点到碎部点 1 的水平距离 $D_{A1} = Kl\cos^2\alpha$，测站点到碎部点 1 的高差 $h_{A1} = \dfrac{1}{2}Kl\sin2\alpha + i - v = D\tan\alpha + i - v$，碎部点 1 的高程 $H_1 = H_A + h_{A1}$，经纬仪配合量角器测绘法测图，一般需要 5 个同学共同完成，其中，观测 1 人、展点 1 人、计算 1 人、记录 1 人、扶标尺 1 人。

全站仪数字测图，参考第 2 章实训项目 7 与实训项目 8。利用全站仪外业采集地形特征点的坐标和高程，利用 CASS 软件，将外业采集数据，传输到计算机上，对照实地绘制的草图，进行计算机编辑、连图和整饰，得到反映测区地物和地貌的地形图。

2）碎部点的选择

跑尺选点应对所有地物和地貌的特征点立尺。

对于地物应选择能反映其平面形状的特征点作为碎部点，如房角、道路交叉口、河流转弯处以及独立地物的中心等。

对于一些凹凸较多的房屋，也可只测其主要的转折角，用皮尺量取其他有关长度，再按几何关系画出轮廓。对于圆形建筑，可测出其中心，量出半径，或者测出外廓上至少三点，然后作圆。

道路可只测路的一边，另一边按量得的宽度绘出，或测出路的中心线再按路宽绘出两边线。对于要按实际形状画出的地物，如形状不规则，当凹凸部分在图上大于 1mm 时均应表示出来。道路、围墙、管线等曲折在图上小于 0.5mm 时可忽略不计将其拉直。

对于地貌，应选择山顶、鞍部、山脊、山谷和山脚等坡度及方向变化处的地貌特征点作碎部点。对平坦地区也应间隔一定距离（一般图上为 30mm）测绘一碎部点，每块平地应注明其代表性高程。

根据《工程测量规范》GB 50026—2007 要求，采用经纬仪视距法测图，对于 1∶500 地形图，碎部点的最大视距，一般地区的主要地物点为 60m，次要地物、地貌点为 100m；城市建筑区的次要地物、地形点为 70m，主要地物点为 50m（用皮尺实地丈量）。在平坦地区视距最大长度可放宽 20%，如表 3-4 所示。

经纬仪视距法测图的最大视距长度（m）　　　　　　　　　表 3-4

比例尺	一般地区		城镇建筑区	
	地物	地形	地物	地形
1∶500	60	100	—	70
1∶1000	100	150	80	120
1∶2000	180	250	150	200

采用全站仪测图，对于 1∶500 地形图，碎部点的最大测距长度，地物点为 160m，地形点为 300m，如表 3-5 所示。

全站仪测图的最大测距长度（m） 表 3-5

比例尺	最大测距长度	
	地物点	地形点
1∶500	160	300
1∶1000	300	500
1∶2000	450	700

3）地形点的展绘

展绘时应按图式符号表示出居民地、独立地物、管线及垣栅、境界、道路、水系、植被等各项地物和地貌要素以及各类控制点、地理名称注记等。高程注记至厘米，记在测点右边，字头朝北。按相应比例尺勾画等高线。所有地形地物应在测站现场绘制完成。

4）测站点的加密

为了保证测图精度，测区内解析图根点应具有一定的密度，如原有的图根点不能满足测图的需要时，应加密测站点，常用的方法是平板仪支点。

支点时，距离的往返测之差不应超过平均值的 1/150，高差的往返测之差不应超过 1/5 等高距。视距支点边长不应大于相应比例尺地形点最大视距的 2/3。

（5）地形图的检查与整饰

1）检查

先进行室内检查，主要检查地物、地貌的线条是否正确、清晰，连接是否合理，各种符号是否有错，名称注记是否有遗漏，发现问题应记录，以便室外检查时核对。

室外检查时，把图纸拿到现场，与实地进行全面核对，检查地物、地貌表示是否与实地相符，有无遗漏，各种注记是否正确等。若发现问题，应用仪器进行检查、更正或补测。

2）整饰

按照大比例尺地形图图式规定的符号，用铅笔对原图进行整饰。整饰的一般顺序为：内图廓线、控制点、独立地物、主要地物、次要地物、高程注记、等高线、植被、名称注记、外图廓线及图廓外注记等。整饰要求达到真实、准确、清晰、美观。

图廓线外正上方中间应写明图名和图幅号，正下方中间应写明测图比例尺，在图廓线外左上方画出接图表，左下方注明测图方法、坐标和高程系统、等高距及选用图式等，右下方写明测图班组成员的姓名和指导教师以及施测时间。

2. 平面和高程控制网略图

图根导线略图

四等水准测量路线略图

3. 外业观测记录计算表格（表 3-6～表 3-14）

测回法观测水平角记录

表 3-6

日期_____年___月___日　　天气_____　　观测者_____

仪器编号_____　　班组_____　　记录者_____

测站	目标	竖盘位置	水平度盘读数 。 ′ ″	半测回角值 。 ′ ″	一测回角值 。 ′ ″	备注
		左				
		右				
		左				
		右				
		左				
		右				
		左				
		右				
		左				
		右				
		左				
		右				
		左				
		右				

日期_____年___月___日　　天气_____　　观测者_____

仪器编号_____　　班组_____　　记录者_____

测站	目标	竖盘位置	水平度盘读数 ° ′ ″	半测回角值 ° ′ ″	一测回角值 ° ′ ″	备注
		左				
		右				
		左				
		右				
		左				
		右				
		左				
		右				
		左				
		右				
		左				
		右				

日期_____年___月___日　　　天气_____　　　观测者_____

仪器编号_____　　　班组_____　　　记录者_____

测站	目标	竖盘位置	水平度盘读数 ° ′ ″	半测回角值 ° ′ ″	一测回角值 ° ′ ″	备注
		左				
		右				
		左				
		右				
		左				
		右				
		左				
		右				
		左				
		右				
		左				
		右				
		左				
		右				

全站仪测距记录

表 3-7

日期_____年___月___日　　天气_____　　观测者_____

仪器型号_____　　班组_____　　记录者_____

测站	镜站	棱镜数	读数			平均距离
			1	2	3	

日期＿＿＿＿＿ 年＿＿ 月＿＿日　　天气＿＿＿＿＿＿＿＿＿　　观测者＿＿＿＿＿＿＿＿
仪器型号＿＿＿＿＿＿＿＿＿　　班组＿＿＿＿＿＿＿＿＿　　记录者＿＿＿＿＿＿＿

测站	镜站	棱镜数	读数			平均距离
			1	2	3	

罗盘仪测量磁方位角记录

表 3-8

日期＿＿＿＿年＿＿月＿＿日　　天气＿＿＿＿＿＿＿＿＿＿　　观测者＿＿＿＿＿＿＿＿＿＿

钢尺型号＿＿＿＿＿＿＿＿＿　　班组＿＿＿＿＿＿＿＿＿　　记录者＿＿＿＿＿＿＿＿＿

测　段	磁方位角		平均值	备注
	正			
	反			
	正			
	反			
	正			
	反			
	正			
	反			
	正			
	反			
	正			
	反			
	正			
	反			
	正			
	反			
	正			
	反			
	正			
	反			
	正			
	反			
	正			
	反			
	正			
	反			
	正			
	反			
	正			
	反			
	正			
	反			
	反			

四等水准测量记录与计算表   表 3-9

日期_____年___月___日 天气_____ 观测者_____
测段_____至_____ 班组_____ 记录者_____

测站编号	点号	后尺	上丝	前尺	上丝	方向尺号	水准尺读数		K+黑减红	平均高差(m)	备注
			下丝		下丝						
		后视距		前视距			黑面	红面			
		视距差 d		Σd							
		(1)		(5)			(3)	(4)	(13)		
		(2)		(6)			(7)	(8)	(14)		
		(9)		(11)			(15)	(16)	(17)	(18)	
		(10)		(12)							

日期_____年___月___日　　天气_____　　　观测者_____

测段_____至_____　　班组_____　　记录者_____

测站编号	点号	后尺	上丝	前尺	上丝	方向尺号	水准尺读数		K+黑减红	平均高差(m)	备注
			下丝		下丝						
		后视距		前视距			黑面	红面			
		视距差 d		Σd							
		(1)		(5)			(3)	(4)	(13)		
		(2)		(6)			(7)	(8)	(14)		
		(9)		(11)			(15)	(16)	(17)	(18)	
		(10)		(12)							

日期_____年___月___日　天气_____　观测者_____

测段_____至_____　班组_____　记录者_____

测站编号	点号	后尺	上丝	前尺	上丝	方向尺号	水准尺读数		K+黑减红	平均高差（m）	备注
			下丝		下丝						
		后视距		前视距			黑面	红面			
		视距差 d		Σd							
		(1)		(5)			(3)	(4)	(13)		
		(2)		(6)			(7)	(8)	(14)		
		(9)		(11)			(15)	(16)	(17)	(18)	
		(10)		(12)							

日期_____年___月___日　天气_____　观测者_____

测段_____至_____　班组_____　记录者_____

测站编号	点号	后尺	上丝	前尺	上丝	方向尺号	水准尺读数		K+黑减红	平均高差 (m)	备注
			下丝		下丝						
		后视距		前视距			黑面	红面			
		视距差 d		Σd							
		(1)		(5)			(3)	(4)	(13)		
		(2)		(6)			(7)	(8)	(14)		
		(9)		(11)			(15)	(16)	(17)	(18)	
		(10)		(12)							

日期_____ 年___月___日　天气_____　观测者_____
测段_____至_____　班组_____　记录者_____

测站编号	点号	后尺	上丝	前尺	上丝	方向尺号	水准尺读数		K＋黑减红	平均高差（m）	备注
			下丝		下丝		黑面	红面			
		后视距		前视距							
		视距差 d		Σd							
		(1)		(5)			(3)	(4)	(13)		
		(2)		(6)			(7)	(8)	(14)		
		(9)		(11)			(15)	(16)	(17)	(18)	
		(10)		(12)							

日期_____年___月___日　天气_____　观测者_____

测段_____至_____　班组_____　记录者_____

测站编号	点号	后尺	上丝	前尺	上丝	方向尺号	水准尺读数		K+黑减红	平均高差(m)	备注
			下丝		下丝						
		后视距		前视距			黑面	红面			
		视距差 d		Σd							
		(1)		(5)			(3)	(4)	(13)		
		(2)		(6)			(7)	(8)	(14)		
		(9)		(11)			(15)	(16)	(17)	(18)	
		(10)		(12)							

表 3-10

图根水准测量成果数据处理

日期 ___ 年 ___ 月 ___ 日　　　　　计算者 ___　　　　　检核者 ___

点号	路线长 L (km)	观测高差 h (m)	高差改正数 V (m)	改正后高差 h (m)	高程 (m)	备注
1	2	3	4	5	6	7
辅助计算						

79

日期 _____ 年 _____ 月 _____ 日 _____　　　　　计算者 _____　　　　　检核者 _____

点号	路线长 L (km)	观测高差 h (m)	高差改正数 V (m)	改正后高差 h (m)	高程 (m)	备注
1	2	3	4	5	6	7

辅助计算

表 3-11

闭合导线坐标计算表

日期＿＿＿＿＿　　　　　计算者＿＿＿＿＿　　　　　检核者＿＿＿＿＿

点号	观 测 角 。′″	V ″	改正后角值 。′″	坐标方位角 。′″	距离（m）	坐标增量		改正后坐标增量		坐标		备注
						Δx	Δy	Δx	Δy	x	y	

辅助
计算

日期   计算者   检核者

点号	观测角 ° ′ ″	V ″	改正后角值 ° ′ ″	坐标方位角 ° ′ ″	距离 (m)	坐标增量 Δx	坐标增量 Δy	改正后坐标增量 Δx	改正后坐标增量 Δy	坐标 x	坐标 y	备注

辅助
计算

图根控制测量成果表 表 3-12

日期＿＿年＿＿月＿＿日　　计算者＿＿＿＿＿＿＿＿＿＿　　检核者＿＿＿＿＿＿＿＿＿＿

点号	已知点或测量点	坐标		高程 H (m)	备注
		X (m)	Y (m)		

量角器配合经纬仪碎部测量距记录   表 3-13

日期___年___月___日 天气_____ 观测者_____ 记录者_____
测站_____ 测站高程_____ 班组_____ 仪器高_____ 指标差_____

点号	尺上读数		视距间隔(m)	竖直角		水平角 °′	水平距离(m)	高程(m)	备注
	中丝	上丝 下丝		竖盘读数 °′	竖直角 °′				

日期＿＿＿年＿＿＿月＿＿＿日　　天气＿＿＿＿＿＿＿　　观测者＿＿＿＿＿＿＿＿＿　记录者＿＿＿＿＿＿＿＿

测站＿＿＿＿＿＿＿＿＿　测站高程＿＿＿＿＿＿＿＿＿＿　班组＿＿＿＿＿＿＿＿　仪器高＿＿＿＿＿＿＿　指标差＿＿＿＿＿＿＿

点号	尺上读数		视距间隔（m）	竖直角		水平角°′	水平距离（m）	高程（m）	备注
	中丝	上丝		竖盘读数°′	竖直角°′				
		下丝							

日期___年___月___日　天气_____　观测者_____　记录者_____
测站_____　测站高程_____　班组_____　仪器高_____　指标差_____

点号	尺上读数		视距间隔(m)	竖直角		水平角。′	水平距离(m)	高程(m)	备注
	中丝	上丝		竖盘读数。′	竖直角。′				
		下丝							

日期_____ 年____月___日 天气_____ 　　观测者_____

仪器型号_____ 　　班组_____ 　　记录者_____

测站点____ 　X＝_____ 　Y＝_____ 　H＝_____ 　仪器高＝_____

碎部点	棱镜高 (m)	编码	坐标（m）		高程（m）	备注
			X	Y	H	

日期_____年___月___日 天气_____ 观测者_____

仪器型号_____ 班组_____ 记录者_____

测站点____ X=_____ Y=_____ H=_____ 仪器高=_____

碎部点	棱镜高 (m)	编码	坐标 (m)		高程 (m)	备注
			X	Y	H	

日期_____年____月____日 天气_____ 观测者_____

仪器型号_____ 班组_____ 记录者_____

测站点____ X=_____ Y=_____ H=_____ 仪器高=_____

碎部点	棱镜高 (m)	编码	坐标 (m)		高程 (m)	备注
			X	Y	H	

日期_____ 年____月____日 天气_____ 观测者_____

仪器型号_____ 班组_____ 记录者_____

测站点____ X=_____ Y=_____ H=_____ 仪器高＝_____

碎部点	棱镜高 (m)	编码	坐标（m）		高程（m）	备注
			X	Y	H	

续表

日期＿＿＿＿ 年＿＿月＿＿日 天气＿＿＿＿＿＿ 观测者＿＿＿＿＿＿＿＿＿

仪器型号＿＿＿＿＿＿ 班组＿＿＿＿＿＿＿ 记录者＿＿＿＿＿＿＿＿＿

测站点＿＿＿ X＝＿＿＿＿ Y＝＿＿＿＿ H＝＿＿＿＿＿ 仪器高＝＿＿＿＿

碎部点	棱镜高（m）	编码	坐标（m）		高程（m）	备注
			X	Y	H	

日期_____年___月___日 天气_____ 观测者_____

仪器型号_____ 班组_____ 记录者_____

测站点____ X=_____ Y=_____ H=_____ 仪器高=_____

碎部点	棱镜高（m）	编码	坐标（m）		高程（m）	备注
			X	Y	H	

日期_____年____月____日　天气_____　　观测者_____

仪器型号_____　　班组_____　　记录者_____

测站点_____　X=_____　Y=_____　H=_____　仪器高＝_____

碎部点	棱镜高 (m)	编码	坐标（m）		高程（m）	备注
			X	Y	H	

3.3 测量综合实习考核办法

1. 考核依据

主要考查学生在实习中的表现、出勤情况，对地形测图全过程知识的掌握程度，仪器实际操作、记录计算、图式符号运用和绘制图形的技能，分析问题和解决问题的能力，完成测量任务和所提交的成果质量，以及实习小结和实习报告编写水平。

2. 考核等级

根据外业观测、内业计算、仪器操作考试和出勤情况，评定为优、良、中、及格和不及格五个等级。

3. 考核项目及权重比例（表 3-15）

考核评分标准表   表 3-15

项目与内容		评分标准
出勤 （10%）	迟到	迟到 1 次扣 2 分
	早退	早退 1 次扣 2 分
	旷课	旷课 1 次扣 5 分，迟到或早退 3 次计算 1 次旷课，3 次旷课考核不及格，立即计为下阶段重修
测绘成果 （50%）	图根导线	① 选点、埋石符合要求（5%）
		② 图根平面和高程控制各限差符合要求（5%）
	四等水准	③ 外业记录规范、齐全和正确（5%）
		④ 内业计算过程完整、准确无误（5%）
	铅笔原图	⑤ 坐标方格网和控制点展绘满足要求（5%）
		⑥ 地物点、地形点测绘正确、恰当，无重复和遗漏（5%）
	着墨底图	⑦ 地形图图式符号运用规范、正确（10%）
		⑧ 地形图布局合理、图面整洁（10%）
	实习报告	⑨ 实习小结和实习报告完整、无缺失（5%）
仪器操作 （35%）	全站仪 （35%）	① 仪器对中（7%）
		② 仪器整平（7%）
		③ 测回法 1 测回成果合格（9%）
		④ 观测时间（12%）
	水准仪 （35%）	① 操作规范（10%）
		② 三点闭合水准路线成果合格（10%）
		③ 观测时间（15%）

（1）出勤考核（10%）：定期点名和不定期抽查。

迟到、早退 1 次扣 2 分，旷课 1 次扣 5 分，迟到或早退 3 次计算 1 次旷课，3 次旷课考核不及格，立即计为下阶段重修。

（2）测绘成果考核（55%）

1）内容

① 图根导线测量；

② 四等水准测量：

③ 铅笔原图与着墨二底图。

2）评分标准

① 选点、埋石符合要求（5）；

② 图根平面和高程控制符合各限差要求（5）；

③ 外业记录规范、齐全和正确（5）；

④ 内业计算过程完整、准确无误（5）；

⑤ 坐标方格网和控制点展绘满足要求（5）；

⑥ 地物点、地形点测绘正确、恰当，无重复和遗漏（5）；

⑦ 地形图图式符号运用规范、正确（10）；

⑧ 地形图布局合理、图面整洁（10）；

⑨ 实习小结和实习报告完整、无缺失（5）。

（3）仪器操作考试（35%）

1）经纬仪评分标准

① 测回法 1 测回成果合格（9）；②仪器对中（7）；③仪器整平（7）；④观测时间（12）。

2）水准仪评分标准

① 三点闭合水准路线成果合格（10）；

② 操作规范（10）；

③ 观测时间（15）。

（4）等级标准划分

"优"条件：90≤得分；"良"条件：80≤得分<89 分；"中"条件：70≤得分<80 分；"及格"条件：60≤得分<70 分；"不及格"条件：得分<60 分。

3.4 实 习 小 结

时间：   地点：

第4章 练习与思考题

样题 1

1. ［单项选择题］

(1) 地面上某一点到大地水准面的铅垂距离是该点的（　　）。

A. 绝对高程　　　　B. 相对高程　　　　C. 正常高　　　　D. 大地高

(2) 高斯平面直角坐标系的通用坐标，在自然坐标 Y' 上加 500km 的目的是（　　）。

A. 保证 Y 坐标值为正数　　　　　　B. 保证 Y 坐标值为整数

C. 保证 X 轴方向不变形　　　　　　D. 保证 Y 轴方向不变形

(3) GPS 系统所采用的坐标系是（　　）。

A. WGS84 坐标系　　　　　　　　　B. 1980 西安坐标系

C. 2000 国家大地坐标系　　　　　　D. 1954 北京坐标系

(4) 微倾式水准仪能够提供水平视线的主要条件是（　　）。

A. 水准管轴平行于视准轴　　　　　　B. 视准轴垂直于竖轴

C. 视准轴垂直于圆水准轴　　　　　　D. 竖轴平行于圆水准轴

(5) 在水准测量中，设 A 为后视点，B 为前视点，并测得后视点读数为 1.124m，前视读数为 1.428m，则 B 点比 A 点（　　）。

A. 高　　　　　　B. 低　　　　　　C. 等高　　　　　　D. 无法确定

(6) 产生视差的原因是（　　）。

A. 目标成像平面与十字丝平面不重合　　B. 仪器轴系未满足几何条件

C. 人的视力不适应　　　　　　　　　D. 目标亮度不够

(7) 经纬仪对中的目的是使仪器中心与测站点标志中心位于同一（　　）。

A. 水平线上　　　B. 铅垂线上　　　C. 水平面内　　　D. 垂直面内

(8) 用经纬仪测水平角时，由于存在对中误差和瞄准误差而影响水平角的精度，这种误差大小与边长的关系是（　　）。

A. 边长越长，误差越大

B. 对中误差的影响与边长有关，瞄准误差的影响与边长无关

C. 边长越长，误差越小

D. 误差的大小不受边长长短的影响

(9) 下列选项中，不属于仪器误差的是（　　）。

A. 视准轴误差　　B. 横轴误差　　C. 竖轴误差　　　D. 目标偏心误差

(10) 当经纬仪望远镜的十字丝不清晰时，应旋转（　　）螺旋。

A. 物镜对光螺旋　　　　　　　　　　B. 目镜对光螺旋

C. 脚螺旋　　　　　　　　　　　　　D. 中心锁紧螺旋

(11) 某直线的反坐标方位角为158°，则其象限角应为（　　）。

A. NW22° B. SE22° C. NW68° D. SE68°

(12) 某直线 AB 的坐标方位角为230°，则其坐标增量的符号为（　　）。

A. Δx 为正，Δy 为正 B. Δx 为正，Δy 为负

C. Δx 为负，Δy 为正 D. Δx 为负，Δy 为负

(13) 测量误差按其性质可分为（　　）和系统误差。

A. 偶然误差 B. 中误差 C. 粗差 D. 平均误差

(14) 在一定观测条件下，偶然误差的绝对值不超过一定限度，这个限度称为（　　）。

A. 允许误差 B. 相对误差 C. 绝对误差 D. 平均中误差

(15) 通常表示为分子为1的分数形式，并作为距离丈量衡量指标的是（　　）。

A. 相对误差 B. 极限误差 C. 真误差 D. 中误差

(16) 没有检核条件的导线布设形式是（　　）。

A. 闭合导线 B. 附合导线 C. 支导线 D. 导线网

(17) 导线内业计算时，发现角度闭合差附合要求，而坐标增量闭合差复算后仍然远远超限，则说明（　　）有误。

A. 边长测量 B. 角度测算 C. 连接测量 D. 坐标计算

(18) 五边形闭合导线，其内角和理论值应为（　　）。

A. 360° B. 540° C. 720° D. 900°

(19) 不属于导线测量外业工作是（　　）。

A. 选点 B. 测角 C. 测高差 D. 量边

(20) 在大比例尺地形图中，用半比例符号表示的地物是（　　）。

A. 房屋 B. 高速公路 C. 长江 D. 围墙

(21) 地形图是按一定的比例尺，用规定的符号表示地物、地貌的（　　）的正射投影图。

A. 形状和大小 B. 范围和数量

C. 平面位置和高程 D. 范围和属性

(22) 比例尺为1：2000 的地形图的比例尺精度是（　　）。

A. 2m B. 0.2m C. 0.02m D. 0.002m

(23) 下列地物中，最可能用比例符号表示的是（　　）。

A. 房屋 B. 道路 C. 垃圾台 D. 水准点

(24) 对地物符号的说明或补充的符号是（　　）。

A. 比例符号 B. 线形符号 C. 地貌符号 D. 注记符号

(25) 以控制点作测站，将周围的地物、地貌的特征点测出，再绘成图，又称为（　　）。

A. 碎部测量 B. 整体测量 C. 控制测量 D. 小区测量

2. 多项选择题

(1) 中华人民共和国成立至今，我国先后采用的坐标系统有（　　）。

A. 1954 年北京坐标系 B. 1956 年黄海高程系

C. 1980 西安坐标系 D. 1985 国家高程基准

E. 2000 国家大地坐标系

（2）关于大地水准面的特性，下列描述正确的是（　　　）。

A. 大地水准面有无数个
B. 大地水准面是不规则的曲面
C. 大地水准面是唯一的
D. 大地水准面是封闭的
E. 大地水准面是光滑的曲面

（3）根据水准测量的原理，仪器的视线高等于（　　　）。

A. 后视读数＋后视点高程
B. 前视读数＋后视点高程
C. 后视读数＋前视点高程
D. 前视读数＋前视点高程
E. 前视读数＋后视读数

（4）在四等水准测量中，测站检核应包括（　　）检核。

A. 前后视距差
B. 视距累积差
C. 红黑面中丝读数差
D. 红黑面高差之差
E. 高差闭合差

（5）在水准测量过程中，下列属于外界条件的影响引起误差的是（　　　）。

A. 尺垫下沉误差
B. 地球曲率及大气折光引起的误差
C. 视差
D. 温度的变化引起的误差
E. 仪器下沉误差

（6）微倾式水准仪的主要轴线有（　　　）。

A. 水准管轴 LL
B. 视准轴 CC
C. 圆水准器轴 $L'L'$
D. 仪器的横轴 HH
E. 仪器的竖轴 VV

（7）以下属于光学经纬仪照准部构件的是（　　　）。

A. 望远镜
B. 水平制动螺旋
C. 水平微动螺旋
D. 脚螺旋
E. 度盘变换手轮

（8）经纬仪整平的目的是（　　　）。

A. 使竖轴处于铅垂位置
B. 使水平度盘水平
C. 使横轴处于水平位置
D. 使竖轴位于竖直度盘铅垂面内
E. 使仪器中心与测站点标志中心位于同一铅垂线上

（9）经纬仪可以测量（　　　）。

A. 磁方位角
B. 水平角
C. 真方位角
D. 竖直角
E. 象限角

（10）经纬仪水平角观测需注意的事项是（　　　）。

A. 仪器脚架踩实、高度适宜、连接牢固

B. 精确对中与整平

C. 照准标志竖直

D. 记录清楚，不得涂改，有误立即重测

E. n 个测回观测水平角时，各测回间应变换水平度盘起始位置的计算公式是 $360°/n$

（11）测回法观测水平角时，照准不同方向的目标，对于照准部旋转方向说法正确的是（　　）。

A. 盘左顺时针旋转 　　　　　　　B. 盘右逆时针旋转

C. 盘左逆时针旋转 　　　　　　　D. 盘右顺时针旋转

E. 任意旋转

（12）经纬仪的安置包括（　　）。

A. 对中 　　　　　　　　　　　　B. 整平

C. 瞄准 　　　　　　　　　　　　D. 读数

E. 调焦

（13）水准仪和经纬仪的主要轴线相比，说法正确的是（　　）。

A. 水准仪没有横轴

B. 水准仪的水准管轴平行于视准轴

C. 水准仪不需要考虑竖轴偏心的问题

D. 水准仪没有竖轴

E. 经纬仪的水准管轴不需要平行于视准轴

（14）确定直线的方向，通常用该直线的（　　）来表示。

A. 水平角 　　　　　　　　　　　B. 方位角

C. 垂直角 　　　　　　　　　　　D. 象限角

E. 倾斜角

（15）关于标准方向的说法，正确的有（　　）。

A. 真子午线方向是通过地面某点并指向地磁南北极的方向。

B. 磁子午线方向可用罗盘仪测定。

C. 地面各点的真北（或磁北）方向互不平行。

D. 标准方向不同对直线的方位角没有影响。

E. 一般测量工作中常采用坐标纵轴作为标准方向。

3. 简单题

（1）什么是水平角？用经纬仪瞄准同一垂直面上高度不同的点，其水平度盘读数是否相同？为什么？

（2）直线定线的目的？有哪些方法？如何进行？

（3）说明视距测量的方法？

（4）熟悉和理解铅垂线、水准面、大地水准面、参考椭球面、法线的概念？

4. 计算题

（1）我国领土内某点 A 的高斯投影平面坐标为：$x_A = 2497019.17$m　$y_B = 19710154.33$m，试说明 A 点所在的 $6°$ 投影带与 $3°$ 投影带中的带号、各自的中央子午线经度。

（2）已知三角形各内角的测量中误差为 $\pm 15''$，容许中误差为中误差的 2 倍，求该三角形闭合差的限差。

（3）已知 $\alpha_{AB} = 89°12'01''$，$x_B = 3065.347$m，$y_B = 2135.265$m，坐标推算路线为 $B \rightarrow 1 \rightarrow 2$，测得坐标推算路线的右角分别为 $\beta_B = 32°30'12''$，$\beta_1 = 261°06'16''$，水平距离分别为

$D_{B1}=123.704\text{m}$，$D_{12}=98.506\text{m}$，试计算 1、2 点的平面坐标。

（4）用计算器完成下表的视距测量计算。其中仪器高 $i=1.52\text{m}$，竖直角的计算公式为 $\alpha_L=90°-L$（水平距离和高差计算取位至 0.01m，需要写出计算公式和计算过程）。

目标	上丝读数 （m）	下丝读数 （m）	竖盘读数 （°′″）	水平距离 （m）	高差 （m）
1	0.960	2.003	83°50′24″		

样题 2

1. ［单项选择题］

（1）测量上使用的平面直角坐标系的坐标轴是（　　）。

A. 南北方向的坐标轴为 y 轴，向北为正；东西方向的为 x 轴，向东为正

B. 南北方向的坐标轴为 y 轴，向南为正；东西方向的为 x 轴，向西为正

C. 南北方向的坐标轴为 x 轴，向北为正；东西方向的为 y 轴，向东为正

D. 南北方向的坐标轴为 x 轴，向南为正；东西方向的为 y 轴，向西为正

（2）已知 A 点在 1956 年黄海高程系中的高程为 30.000m，则其在 1985 国家高程基准中的高程为（　　）m。

A. 30.289m　　　B. 30.389m　　　C. 29.029m　　　D. 29.971m

（3）A 点的高斯坐标为（112240m，19343800m），则 A 点所在 6°带的带号及中央子午线的经度分别为（　　）。

A. 11 带，66°　　B. 11 带，63°　　C. 19 带，117°　　D. 19 带，111°

（4）水准测量后视读数为 1.224m，前视读数为 1.974m，则两点的高差为（　　）。

A. 0.750m　　　B. −0.750m　　　C. 3.198m　　　D. −3.198m

（5）水准路线闭合差调整是对高差进行改正，方法是将高差闭合差按与测站数或路线长度成（　　）的关系求得高差改正数。

A. 正比例并同号　　B. 反比例并反号　　C. 正比例并反号　　D. 反比例并同号

（6）水准仪的望远镜主要由（　　）组成的。

A. 物镜、目镜、十字丝、瞄准器　　　　B. 物镜、调焦透镜、目镜、瞄准器

C. 物镜、调焦透镜、十字丝、瞄准器　　D. 物镜、调焦透镜、十字丝分划板、目镜

（7）水平角观测时，为精确瞄准目标，应该用十字丝尽量瞄准目标（　　）。

A. 顶部　　　　　B. 底部　　　　　C. 约 1/2 高处　　　D. 约 1/3 高处

（8）当采用多个测回观测水平角时，需要设置各测回间水平度盘的位置，这一操作可以减弱（　　）的影响。

A. 对中误差　　　　　　　　　　　B. 照准误差

C. 水平度盘刻划误差　　　　　　　D. 仪器偏心误差

（9）经纬仪视准轴 CC 与横轴 HH 应满足的几何关系是（　　）。

A. 平行　　　　　B. 垂直　　　　　C. 重合　　　　　D. 成 45°角

（10）在测量工作中，为了测定高差或将倾斜距离换算成水平距离，需要观测（　　）。

A. 水平角　　　　B. 垂直角　　　　C. 象限角　　　　D. 方位角

（11）由标准方向的北端起，（　　）量到某直线的水平角，称为该直线的方位角。

A. 水平方向　　　　B. 垂直方向　　　　C. 逆时针方向　　　　D. 顺时针方向

（12）一钢尺名义长度为30m，与标准长度比较得实际长度为30.015m，则用其量得两点间的距离为64.780m，该距离的实际长度是（　　）。

A. 64.748m　　　　B. 64.812m　　　　C. 64.821m　　　　D. 64.784m

（13）同精度观测是指在（　　）相同的观测。

A. 允许误差　　　　B. 系统误差　　　　C. 观测条件　　　　D. 偶然误差

（14）一把名义长度为30m的钢卷尺，实际是30.005m，每量一整尺就会有5mm的误差，此误差称为（　　）。

A. 系统误差　　　　B. 偶然误差　　　　C. 中误差　　　　D. 相对误差

（15）使用DJ6经纬仪，对两个水平角进行观测，测得$\angle A = 30°06'06''$，$\angle B = 180°00'00''$，其测角中误差A角为$20''$，B角为$30''$，则两个角的精度关系是（　　）。

A. A角精度高　　　　　　　　　　B. B角精度高

C. 两角观测精度一样高　　　　　　D. 无法确定

（16）关于导线测量精度，说法正确的是（　　）。

A. 闭合导线精度优于附合导线精度　　　B. 角度闭合差小，导线精度高

C. 导线全长闭合差小，导线精度高　　　D. 导线全长相对闭合差小，导线精度高

（17）下列选项中，不属于导线坐标计算的步骤的是（　　）。

A. 角度闭合差计算　　　　　　　　B. 半测回角值计算

C. 方位角推算　　　　　　　　　　D. 坐标增量闭合差计算

（18）实测四边形内角和为$359°59'24''$，则角度闭合差及每个角的改正数为（　　）。

A. $+36''$、$-9''$　　B. $-36''$、$+9''$　　C. $+36''$、$+9''$　　D. $-36''$、$-9''$

（19）地表面高低起伏的形态称为（　　）。

A. 地表　　　　　B. 地物　　　　　C. 地貌　　　　　D. 地理

（20）同样大小图幅的1∶500与1∶2000两张地形图，其表示的实地面积之比是（　　）。

A. 1∶4　　　　　B. 1∶16　　　　　C. 4∶1　　　　　D. 16∶1

（21）供城市详细规划和工程项目的初步设计之用的是（　　）比例尺的地形图。

A. 1∶10000　　　B. 1∶5000　　　　C. 1∶2000　　　　D. 1∶500

（22）每隔四条首曲线而加粗描绘的一条等高线，称为（　　）。

A. 计曲线　　　　B. 间曲线　　　　C. 助曲线　　　　D. 辅助等高线

（23）地形图的等高线是地面上高程相等的相邻点连成的（　　）。

A. 闭合曲线　　　B. 曲线　　　　　C. 闭合折线　　　　D. 折线

（24）下列地物中，不需要用非比例符号表示的地物有（　　）。

A. 控制点　　　　B. 水井　　　　　C. 围墙　　　　　D. 消火栓

（25）工程施工结束后，需要进行（　　）测量工作。

A. 施工　　　　　B. 变形　　　　　C. 地形　　　　　D. 竣工

2. 多项选择题

（1）距离测量的方法有（　　）。

A. 钢尺量距　　　　　　　　　　　　　　B. 普通视距

C. GPS 测距　　　　　　　　　　　　　　D. 全站仪测距

E. 三角测距

（2）用视距法测量地面两点之间的高差，需要观测的数据是（　　　）。

A. 上丝读数　　　　　　　　　　　　　　B. 中丝读数

C. 下丝读数　　　　　　　　　　　　　　D. 仪器高

E. 水平度盘读数

（3）下列关于偶然误差的说法中，属于正确说法的是（　　　）

A. 在一定的观测条件下，偶然误差的绝对值不会超过一定的界限

B. 绝对值大的误差比绝对值小的误差出现的概率要小

C. 绝对值相等的正负误差出现的概率相等

D. 偶然误差具有积累性，对测量结果影响很大，它们的符号和大小有一定的规律

E. 偶然误差是可以完全避免的

（4）下列选项中属于偶然误差的有（　　　）。

A. 水准管轴不平行于视准轴　　　　　　　B. 钢尺的尺长误差

C. 水准尺读数误差　　　　　　　　　　　D. 瞄准误差

E. 钢尺量距的温度误差

（5）测量了两段距离及其中误差分别为：$d1＝136.45m±0.015m$，$d2＝960.76m±0.025m$，比较他们的测距结果，下列说法正确的是（　　　）。

A. $d1$ 精度高　　　　　　　　　　　　　B. 衡量距离精度指标是用相对误差

C. $d2$ 精度高　　　　　　　　　　　　　D. 无限次增加距离丈量次数，会带来好处

E. $d1$ 和 $d2$ 具有同等精度

（6）导线点位选择应满足的要求有（　　　）。

A. 点位应选在土质坚实，稳固可靠，便于保存的地点

B. 相邻点通视良好，视线与障碍物保持一定距离

C. 相邻两点间的视线倾角不宜过大。

D. 采用电磁波测距，视线应避开烟囱、散热塔等发热体及强磁场

E. 原有控制点尽量避免使用

（7）闭合导线和附合导线内业计算的不同点是（　　　）。

A. 方位角推算方法不同　　　　　　　　　B. 角度闭合差的计算方法不同

C. 坐标增量闭合差计算方法不同　　　　　D. 导线全长闭合差计算方法不同

E. 坐标增量改正数计算方法不同

（8）导线内业计算项目有（　　　）。

A. 角度闭合差计算与调整

B. 坐标增量闭合差计算与调整

C. 导线全长闭合差与导线全长相对闭合差计算

D. 坐标计算

E. 坐标反算

（9）图根导线的成果包括（　　　）。

A. 导线外业观测手簿   B. 导线平差成果

C. 控制点点之记   D. 水准测量外业手簿

E. 水准测量平差成果

（10）导线测量的优点有（   ）。

A. 布设灵活   B. 受地形条件限制小

C. 点位精度均匀   D. 边长直接测定，导线纵向精度均匀

E. 单一导线控制面积较大

（11）下列叙述中，（   ）符合等高线特性。

A. 不同高程的等高线绝不会重合   B. 同一等高线上各点高程相等

C. 一般不相交   D. 等高线稀疏，说明地形陡峭

E. 等高线在任一图幅内必须闭合

（12）地形图有下列基本应用（   ）。

A. 一点平面坐标的测量   B. 直线真方位角的测量

C. 两点间水平距离的测量   D. 一点高程的测量

E. 两点间坡度的确定

（13）关于数字地形图和传统模拟法纸质地形图说法正确的有（   ）。

A. 数字地形图比纸质地形图易于保存

B. 数字地形图保密性能比纸质地形图高

C. 数字地形图比纸质地形图易于修测更改

D. 数字地形图测绘比传统模拟法纸质地形图测绘方便，效率更高

E. 数字地形图和传统模拟法纸质地形图相比较，更加便于利用

（14）地物注记包括（   ）。

A. 文字标记   B. 数字标记

C. 符号标记   D. 字母标记

E. 高程标记

（15）地形图上等高线的分类为（   ）。

A. 示坡线   B. 计曲线

C. 首曲线   D. 间曲线

E. 助曲线

3. 简答题

（1）试说明视准轴、管水准器轴、圆水准器轴的定义？水准器格值的几何意义是什么？水准器上的圆水准器与管水准器各有何作用？

（2）偶然误差有哪些特性？

（3）地物符号分为哪些类型？各有何意义？

（4）地形图上表示地貌的主要方式是等高线，等高线、等高距、等高线平距是如何定义的？等高线可以分为哪些类型？如何定义和绘制？

4. 计算题

（1）量得一圆柱体的半径及其中误差为 $r=4.578\pm0.006$m，高度及其中误差为 $h=2.378\pm0.004$m，试计算其体积及其中误差。

（2）设 A 点高程为 15.023m，欲测设设计高程为 16.000m 的 B 点，水准仪安置在 A、B 两点之间，读得 A 尺读数 $a=2.340$m，B 尺读数 b 为多少时，才能使尺底高程为 B 点高程。

（3）在测站 A 进行视距测量，仪器高 $i=1.45$m，望远镜盘左照准 B 点标尺，中丝读数 $v=2.56$m，视距间隔为 $l=0.586$m，竖盘读数 $L=93°28'$，求水平距离 D 及高差 h。

（4）已知控制点 A、B 及待定点 P 的坐标如下：

点名	X(m)	Y(m)	方向	方位角(° ′ ″)	平距(m)
A	3189.126	2102.567			
B	3185.165	2126.704	$A→B$		
P	3200.506	2124.304	$A→P$		

试在表格中计算 $A→B$ 与 $A→P$ 的方位角和水平距离。

参 考 答 案

样题 1

1. 单项选择题

（1）A；（2）A；（3）A；（4）A；（5）B；（6）A；（7）B；（8）C；（9）D；（10）B；（11）A；（12）D；（13）A；（14）A；（15）A；（16）C；（17）A；（18）B；（19）C；（20）D；（21）C；（22）B；（23）A；（24）D；（25）A

2. 多选选择题

（1）CE；（2）BCDE；（3）AD；（4）ABCD；（5）ABDE；（6）ABCE；（7）ABC；（8）ABC；（9）BD；（10）ABCD；（11）AB；（12）AB；（13）ABCE；（14）BD；（15）BCE

3. 简答题

（1）

答：水平角——过地面任意两方向铅垂面的两面角。

当竖轴 VV 铅垂，竖轴 $VV⊥$ 横轴 HH，视准轴 $CC⊥$ 横轴 HH 时，瞄准在同一竖直面上高度不同的点，其水平度盘读数是相同的；如果上述轴系关系不满足，则水平度盘读数不相同。

（2）

答：用钢尺分段丈量直线长度时，使分段点位于待丈量直线上，有目测法与经纬仪法。

目测法——通过人眼目估，使分段点位于直线起点与终点的连线上。

经纬仪法——在直线起点安置经纬仪，照准直线终点，仰或俯望远镜，照准分段点附近，指挥分段点位于视准轴上。

（3）

答：在测站安置经纬仪，量取仪器高 i；盘左望远镜照准碎部点竖立的标尺，读取上丝读数 l_1，下丝读数 l_2，盘左竖盘读数 L，依据下列公式计算测站至碎部点的水平距离 D

与高差 h，式中 x 为竖盘指标差。

$$D = K \mid l_2 - l_1 \mid \cos^2(90° - L + x)$$
$$h = D\tan(90° - L + x) + i - (l_1 + l_2)/2$$

（4）

答：铅垂线——地表任意点万有引力与离心力的合力称重力，重力方向为铅垂线方向。

水准面——处处与铅垂线垂直的连续封闭曲面。

大地水准面——通过平均海水面的水准面。

参考椭球面——为了解决投影计算问题，通常选择一个与大地水准面非常接近的、能用数学方程表示的椭球面作为投影的基准面，这个椭球面是由长半轴为 a、短半轴为 b 的椭圆 NESW 绕其短轴 NS 旋转而成的旋转椭球面，旋转椭球又称为参考椭球，其表面称为参考椭球面。

法线——垂直于参考椭球面的直线。

4. 计算题

（1）

答：我国领土所处的概略经度范围为 $73°27'E \sim 135°09'E$，位于统一 6°带投影的 13～23 号带内，位于统一 3°带投影的 24～45 号带内，投影带号不重叠，因此，A 点应位于统一 6°带的 19 号带内。中央子午线的经度为 $L_0 = 6 \times 19 - 3 = 111°$。

去掉带号与 500km 后的 $Ay = 210154.33$m，A 点位于 $111°$ 子午线以东约 210km。取地球平均曲率半径 $R = 6371$km，则 210.154km 对应的经度差约为 $(180° \times 210.154) \div (6371\pi) = 1.88996° = 1°53'$，则 A 点的概略经度为 $111° + 1.88996° = 112.88996°$。

$$n = Int\left(\frac{112.88996}{3} + 0.5\right) = Int(38.13) = 38 \text{ 号带}$$，中央子午线的经度为 $l_0 = 3 \times 38° = 114°$

（2）

答：设三角形闭合差为 $\omega = \beta_1 + \beta_2 + \beta_3 - 180°$，每个内角的中误差为 m，由误差传播定律得闭合差的中误差为：$m_\omega = \pm\sqrt{3}m$

闭合差的限差为：$m_{容\omega} = \pm 2\sqrt{3}m = \pm 2 \times \sqrt{3} \times 15 = \pm 52''$

（3）

答：1）推算坐标方位角

$\alpha_{B1} = 89°12'01'' - 32°30'12'' + 180° = 236°41'49''$

$\alpha_{12} = 236°41'49'' - 261°06'16'' + 180° = 155°35'33''$

2）计算坐标增量

$\Delta x_{B1} = 123.704 \times \cos236°41'49'' = -67.922$m，

$\Delta y_{B1} = 123.704 \times \sin236°41'49'' = -103.389$m。

$\Delta x_{12} = 98.506 \times \cos155°35'33'' = -89.702$m，

$\Delta y_{12} = 98.506 \times \sin155°35'33'' = 40.705$m。

3）计算 1、2 点的平面坐标

$x_1 = 3065.347 - 67.922 = 2997.425$m

$y_1 = 2135.265 - 103.389 = 2031.876m$

$x_2 = 2997.425 - 89.702 = 2907.723m$

$y_2 = 2031.876 + 40.705 = 2072.581m$

（4）

答：

目标	上丝读数 （m）	下丝读数 （m）	竖盘读数 （° ′ ″）	水平距离 （m）	高差 （m）
1	0.960	2.003	83°50′24″	103.099	11.166

样题 2

1. 单项选择题

（1）C；（2）D；（3）D；（4）B；（5）C；（6）D；（7）B；（8）C；（9）B；（10）B；（11）D；（12）B；（13）C；（14）A；（15）A；（16）D；（17）B；（18）B；（19）C；（20）D；（21）C；（22）B；（23）A；（24）D；（25）A

2. 多选选择题

（1）ABCD；（2）ABCD；（3）ABC；（4）CD；（5）BC；（6）ABCD；（7）BC；（8）ABCD；（9）ABC；（10）ABD；（11）BC；（12）ACDE；（13）ACDE；（14）ABC；（15）BCDE

3. 简答题

（1）

答：视准轴——望远镜物镜中心（或光心）与十字丝中心的连线。

管水准器轴——管水准器内圆弧中点的切线。

圆水准器轴——圆水准器内圆弧中点的法线。

水准器格值——水准器内圆弧 2mm 弧长所夹的圆心角称水准器的格值 τ。τ 值大，安平的精度底；τ 值小，安平的精度高，DS3 水准仪圆水准器的 $\tau = 8'$，用于使仪器的竖轴铅垂或称粗略整平仪器；管水准器的 $\tau = 20''$，用于使望远镜视准轴精确水平。

（2）

答：①偶然误差有界，或者说在一定观测条件下的有限次观测中，偶然误差的绝对值不会超过一定的限值；②绝对值较小的误差出现的频率较大，绝对值较大的误差出现的频率较小；③绝对值相等的正、负误差出现的频率大致相等；④当观测次数 $n \rightarrow \infty$ 时，偶然误差的平均值趋近于零。

（3）

答：依比例符号、不依比例符号和半依比例符号。

依比例符号——可按测图比例尺缩小，用规定符号画出的地物符号，如房屋、较宽的道路、稻田、花圃、湖泊等。

不依比例符号——三角点、导线点、水准点、独立树、路灯、检修井等，其轮廓较小，无法将其形状和大小按照地形图的比例尺绘到图上，则不考虑其实际大小，而是采用规定的符号表示。

半依比例符号——带状延伸地物，如小路、通信线、管道、垣栅等，其长度可按比例缩绘，而宽度则无法按比例表示。

（4）

答：等高线——地面上高程相等的相邻各点连成的闭合曲线。

等高距——地形图上相邻等高线间的高差。

等高线平距——相邻等高线间的水平距离。

等高线类型：首曲线、计曲线和间曲线。

首曲线——按基本等高距测绘的等高线，用 0.15mm 宽的细实线绘制。

计曲线——从零米起算，每隔四条首曲线加粗的一条等高线称为计曲线，用 0.3mm 宽的粗实线绘制。

间曲线——对于坡度很小的局部区域，当用基本等高线不足以反映地貌特征时，可按 1/2 基本等高距加绘一条等高线。间曲线用 0.15mm 宽的长虚线绘制，可不闭合。

4. 计算题

（1）

答：体积：$V = \pi r^2 h = 3.14159 \times 4.578^2 \times 2.378 = 156.572 \text{m}^3$

全微分：$\mathrm{d}V = 2\pi r h \mathrm{d}r + \pi r^2 \mathrm{d}h = 64.4018 \mathrm{d}r + 65.8418 \mathrm{d}h$

系数：$f_1 = 64.4018$，$f_2 = 65.8418$

由误差传播定律：$m_V = \pm\sqrt{f_1^2 m_r^2 + f_2^2 m_h^2}$

将 $f_1 = 64.4018$，$f_2 = 65.8418$，$m_r = \pm 0.006\text{m}$，$m_h = \pm 0.004\text{m}$ 带入上式

$$m_V = \pm\sqrt{f_1^2 m_r^2 + f_2^2 m_h^2} = \pm 0.468 \text{m}^3$$

（2）

答：水准仪的仪器高为 $H_i = 15.023 + 2.23 = 17.363\text{m}$，则 B 尺的后视读数应为 $b = 17.363 - 16 = 1.363\text{m}$，此时，$B$ 尺零点的高程为 16m。

（3）

答：$D = 100l \cos^2(90° - L) = 100 \times 0.586 \times [\cos(90° - 93°28')]^2 = 58.386\text{m}$

$h = D\tan(90° - L) + i - v = 58.386 \times \tan(-3°28') + 1.45 - 2.56 = -4.647\text{m}$

（4）

答：

点名	X(m)	Y(m)	方向	方位角(° ′ ″)	平距(m)
A	3189.126	2102.567			
B	3185.165	2126.704	A→B	99 19 10	24.460
P	3200.506	2124.304	A→P	62 21 59	24.536

第 5 章　常见地物、地貌和注记符号

为了便于测图和用图，在地形图用各种点位、线条、符号、文字等表示实地的地物和地貌，这些线条和符号等统一代表地形图上所有的地形要素，总称为地形图图式。国家质量监督检验检疫总局与国家标准化管理委员会发布、2007 年 12 月 1 日实施的《国家基本比例尺地图图式第一部分：1∶500　1∶1000　1∶2000 地形图图式》GB/T 20257.1—2007，以下简称《图式》，其标准适用于国民经济建设各部门，是测绘、规划、设计、施工、管理、科研和教育等部门使用地形图的重要依据。从《图式》摘录部分 1∶500　1∶1000　1∶2000 比例尺常用的地形图图式符号，如表 5-1 所示。

常见地物、地貌和注记符号　　　　　　　　　　　　表 5-1

编号	符号名称	符号式样		
		1∶500	1∶1000	1∶2000
5.1	测量控制点			
5.1.1	三角点 *a*——土堆上的 张湾岭、黄土岗——点名 156.718、203.623——高程 5.0——比高		3.0　△ $\frac{张湾岭}{156.718}$ *a*　5.0　△ $\frac{黄土岗}{203.623}$	
5.1.2	导线点 *a*——土堆上的 I16、I23——等级点号 85.46、94.40——高程 2.4——比高		2.0　⊙ $\frac{I\,16}{84.46}$ *a*　2.4　⊕ $\frac{I\,23}{94.40}$	
5.1.3	埋石图根点 *a*——土堆上的 12、16——点号 275.46、175.64——高程 2.5——比高		2.0　⊡ $\frac{12}{275.46}$ *a*　2.5　⊡ $\frac{16}{175.64}$	
5.1.4	不埋石图根点 19——点号 84.47——高程		2.0　□ $\frac{19}{84.47}$	
5.1.5	水准点 Ⅱ——等级 京石 5——点名点号 32.805——高程		2.0　⊗ $\frac{Ⅱ京石5}{32.805}$	

编号	符号名称	符号式样		
		1:500	1:1000	1:2000
5.1.6	卫星定位等级点 B——等级 14——点号 495.263——高程	3.0 △ B14 / 495.263		
5.2	水系			
5.2.1	湖泊 龙湖——湖泊名称 （咸）——水质	龙湖（咸）		
5.2.2	池塘			
5.2.3	水库 a——毛湾水库（水库名称） b——溢洪道 54.7——溢洪道堰底面高程 c——泄洪洞口、出水口 d——拦水坝、堤坝 d1——拦水坝 d2——堤坝 水泥——建筑材料 75.2——坝顶高程 59——坝长（m） e——建筑中水库	毛湾水库 a 54.7 3.0 d1 c 75.2/59 水泥 b 1.5 d2 建 1.0 3.0 e		
5.2.4	海岸线、干出线 a——海岸线 b——干出线	a b 0.2 1.5 0.4		
5.2.5	干出滩（滩涂） a——沙滩	a 沙		

编号	符号名称	符号式样		
		1：500	1：1000	1：2000
5.2.5	b——沙砾滩、砾石滩			
	c——沙泥滩			
	d——淤泥滩			
	e——岩石滩			
	f——珊瑚滩			
	g——红树林滩			
	h——贝类养殖滩			
	i——干出滩中河道			
	j——潮水沟			
5.2.6	沙洲			
5.2.7	泉（矿泉、温泉、毒泉、间流泉、地热泉） 51.2——泉口高程 温——泉水性质	51.2 温		

编号	符号名称	符号式样		
		1：500	1：1000	1：2000
5.2.8	水井、机井 　　a——依比例尺的 　　b——不依比例尺的 　　51.2——井口高程 　　5.2——井口至水面深度 　　咸——水质	a　$\oplus \frac{51.2}{5.2}$ b　井 咸		
5.2.9	河流流向及流速 　　0.3——流速（m/s）			
5.2.10	沟渠流向 　　a——往复流向 　　b——单向流向			
5.2.11	加固岸 　　a——一般加固岸 　　b——有栅栏的 　　c——有防洪墙体的 　　d——防洪墙上有栏杆的			
5.3	居民地及设施			
5.3.1	单幢房屋 　　a——一般房屋 　　b——有地下室的房屋 　　c——突出房屋 　　d——简易房屋 　　混、钢——房屋结构 　　1、3、28——房屋层数 　　-2——地下房屋层数	a 混1　b 混3-2 c 钢28　d 简		3 c 28

编号	符号名称	符号式样		
		1：500	1：1000	1：2000
5.3.2	建筑中房屋	建		
5.3.3	棚房 a——四边有墙的 b——边有墙的 c——无墙的			
5.3.4	架空房 3、4——楼层 3/1、3/2——空层层数			
5.3.5	廊房 a——廊房 b——飘楼			
5.3.6	水塔 a——依比例尺的 b——不依比例尺的			
5.3.7	水塔烟囱 a——依比例尺的 b——不依比例尺的			
5.3.8	烟囱及烟道 a——烟囱 b——烟道 c——架空烟道			
5.3.9	体育馆、科技馆、博物馆、展览馆			
5.3.10	宾馆、饭店			

编号	符号名称	符号式样		
		1：500	1：1000	1：2000
5.3.11	商场、超市	混凝土4 M		0.5 0.5 3.0 M 0.4 0.3 0.4
5.3.12	剧院、电影院	混凝土2		1.1 2.2 2.8 1.1
5.3.13	露天体育场、网球场、运动场、球场 a——有看台的 a_1——主席台 a_2——门洞 b——无看台的		a a_2 45° 工人体育场 1.0 a_1 b 体育场　球	
5.3.14	游泳场（池）		泳　泳	
5.3.15	厕所		厕	
5.3.16	垃圾场		垃圾场	
5.3.17	垃圾台 a——依比例尺的 b——不依比例尺的		a 🔲　b 🔲	
5.3.18	旗杆		1.6 1.0 4.0 1.0	
5.3.19	围墙 a——依比例尺的 b——不依比例尺的		a 10.0　0.5 b 0.3 10.0　0.5	

编号	符号名称	符号式样		
		1:500	1:1000	1:2000
5.3.20	栅栏、栏杆			
5.3.21	篱笆			
5.3.22	活树篱笆			
5.3.23	铁丝网、电网			
5.3.24	地类界			
5.3.25	地下建筑物出入口 　a——地铁站出入口 　　(a) 依比例尺的 　　(b) 不依比例尺的 　b——建筑物出入口 　　(a) 出入口标识 　　(b) 敞开式的 　　a) 有台阶的 　　b) 无台阶的 　　(c) 有雨篷的 　　(d) 屋式的 　　(e) 不依比例尺的			
5.3.26	阳台			
5.3.27	檐廊、挑廊 　a——檐廊 　b——挑廊			

115

编号	符号名称	符号式样		
		1:500	1:1000	1:2000
5.3.28	悬空通廊	混凝土4		混凝土4
5.3.29	台阶			
5.3.30	室外楼梯 a——上楼方向			
5.3.31	院门 a——围墙门 b——有门房的			
5.3.32	门墩 a——依比例尺的 b——不依比例尺的			
5.3.33	路灯			
5.3.34	照射灯 a——杆式 b——桥式 c——塔式			
5.3.35	宣传橱窗、广告牌 a——双柱或多柱的 b——单柱的			
5.3.36	假石山			
5.4	交通			
5.4.1	街道 a——主干路 b——次干路 c——支路			

编号	符号名称	符号式样		
		1:500	1:1000	1:2000
5.4.2	内部道路			
5.4.3	小路、栈道			
5.4.4	路标			
5.5	管线			
5.5.1	高压输电线			

1.	架空的
	  a——电杆
	  35——电压（kV）			

2.	电力检修井孔			
5.5.2	陆地通信线			
1.	地面上的 *a*——电杆			

2.	电信检修井孔
	  a——电信人孔
	  b——电信手孔			

5.5.3	管道检修井孔
	
	  a——给水检修井孔
	
	  b——排水（污水）检修井孔
	
	  c——排水暗井
	
	  d——煤气、天然气、液化气检修井孔
	
	  e——热力检修井孔
	
	  f——工业、石油检修井孔
	
	  g——不明用途的井孔			

编号	符号名称	符号式样		
		1：500	1：1000	1：2000
5.5.4	管道其他附属设施 a——水龙头 b——消火栓 c——阀门 d——污水、雨水箅子	a b c d	3.6 1.0 1.6 2.0 3.0 1.0 1.6 3.0 0.5 2.0	1.0 2.0
5.6	境界			
5.6.1	村界	1.0 2.0 4.0 — 0.2		
5.6.2	开发区、保税区界线	3.3 1.6 0.8 ⌐ ⌐ ⌐ — 0.2		
5.7	地貌			
5.7.1	等高线及其注记 　a——首曲线 　b——计曲线 　c——间曲线 　25——高程	a 0.15 b 25 0.3 c 0.15 1.0 6.0		
5.7.2	示坡线	0.8		
5.7.3	高程点及其注记 1520.3、－15.3——高程	0.5 · 1520.3 · －15.3		
5.7.4	比高点及其注记 6.3、20.1、3.5——比高	3.5 0.4 ·6.3 20.1▲		
5.7.5	独立石 　a——依比例尺的 　b——不依比例尺的 　2.4——比高	a ⬤ 2.4 b ◤ 2.4		

编号	符号名称	符号式样		
		1：500	1：1000	1：2000
5.7.6	石堆 a——依比例尺的 b——不依比例尺的			
5.7.7	陡崖、陡坎 a——土质的 b——石质的 18.6、22.5——比高			
5.7.8	人工陡坎 a——未加固的 b——已加固的			
5.7.9	斜坡 a——未加固的 b——已知固的			
5.8	植被与土质			
5.8.1	稻田 　田埂			
5.8.2	旱地			
5.8.3	行树 a——乔木行树 b——灌木行树			

编号	符号名称	符号式样		
		1 : 500	1 : 1000	1 : 2000
5.8.4	独立树 a——阔叶 b——针叶 c——棕榈、椰子、槟榔		a 2.0⸬ Ⓣ 3.0 （1.6、1.0） b 2.0⸬ 3.0 45° （1.6、1.0） c 2.0⸬ 3.0 （1.0）	
5.8.5	草地 a——天然草地 b——改良草地 c——人工牧草地 d——人工绿地		a 2.0 1.0 ‖ 10.0 10.0 b ∧ ‖ 10.0 10.0 c ∧ 10.0 10.0 d ‖ 1.6 0.8 5.0 10.0	
5.8.6	花圃、花坛		1.5 1.5 ⤓ 10.0 10.0	
5.9	注记			
5.9.1	各种说明注记 居民地名称说明注记 a——政府机关 b——企业、事业、工矿、农场 c——高层建筑、居住小区、公共设施	a 市民政局 b 日光岩幼儿园、兴隆农场 c 二七纪念塔 兴庆广场		
5.9.2	支道、内部路	邮电北巷		

120